位相のあたま

石川 剛郎

共立出版

まえがき

　本書は気軽に読める位相の入門書である．読めば「位相のあたま」を鍛えることができる．

　位相の最初に（あたまに）学ぶべき項目をしっかり押さえている．

　極限やエプシロン・デルタ論法や開集合などをわかりやすく解説する．

　この本を読めば，距離や位相の意味合いや考え方を楽しく学ぶことができる．

　この本を読めば，微分積分やベクトル解析などをよりよく理解するのにも役に立つ．

　この本を読めば，幾何や解析などのいろいろな分野を学んでいくための基礎が身につく．

　演習問題もあり，自分の理解度をしっかり確認できる．

　余談やコラムを通して関連する話題に触れることができる．イラストもあって息抜きもできる．

　ついでに，位相を通して論理や集合や写像に慣れることができる．

　位相を学んで数学がよりよくわかるようになる．

　そのための一助になれば幸いである．

あまた位相の本あれど
位相のあたまはこれひとつ

札幌にて　石川剛郎

本書の構成

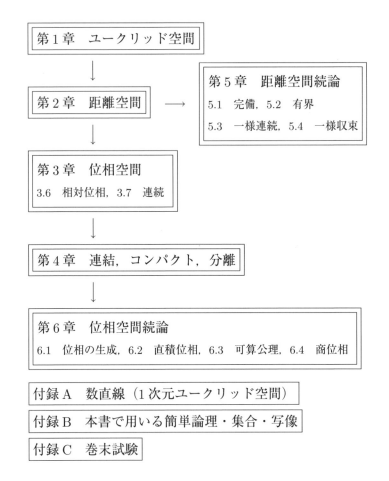

付録 A, B は，各章を読み進めながら並行して参考にするとよい．
付録 C は本文を読み終えてから"あたま試し"してください．
定理等の証明は巻末の証明集にまとめて記載されている．定理を読んだら，自分でその意味や証明を想像してから証明集を読んで（眺めて）ほしい．

演習問題についているマークの意味：
☺ あまり難しくない，☺ 少し難しい，☹ 少し意外な問題．

キャラクター紹介

I 先生：直観で生きている先生．それなりに見識があるが，少し頼りない．
S 君：素直で明るい性格．わからないことはハッキリ言う．サッカーと手相が趣味．
O さん：やさしい性格で協調性に富む．社交的．歌が上手．
U 博士：冷静で論理的だが，感情的になることもある．博識．I 先生の助手．とぽ次郎の飼い主．
とぽ次郎：U 博士が飼っている天才犬．研究室に遊びに来る．人の会話が理解できる．

S 君と O さんは同じ高校出身の同級生であり，高校の先輩の U 博士に会いに I 先生の研究室を訪ねに来る．

目　　次

第1章　ユークリッド空間　　　　　　　　　1

1.1　平面上の点列の収束 …………………………………………… 1

1.2　開円板を合わせてできる平面領域 …………………………… 5

1.3　平面上の距離と開集合 ………………………………………… 9

1.4　平面の部分集合の内点・外点・境界点 ……………………… 12

1.5　平面上の閉集合 ………………………………………………… 15

1.6　平面の部分集合のコンパクト性 ……………………………… 17

1.7　平面上の実数値連続関数 ……………………………………… 18

1.8　平面から平面への連続写像 …………………………………… 20

1.9　ユークリッド空間 ……………………………………………… 21

第2章　距離空間　　　　　　　　　　　　27

2.1　距離関数 ………………………………………………………… 27

2.2　点列の収束, ε-近傍, 開集合 ………………………………… 31

2.3　部分集合の内点・外点・境界点 ……………………………… 36

2.4　開集合系がもつ基本的性質 …………………………………… 38

2.5　部分集合の閉包と閉集合 ……………………………………… 40

2.6　距離空間上の連続関数, 距離空間の間の連続写像 ………… 44

第3章　位相空間　　　　　　　　　　　　53

3.1　開集合系の公理 ………………………………………………… 53

3.2　位相空間 ………………………………………………………… 54

3.3　位相空間の部分集合の内部・外部・境界・閉包 …………… 57

3.4	位相空間における閉集合	59
3.5	位相空間における開近傍・近傍	62
3.6	相対位相と部分位相空間	64
3.7	位相空間上の連続関数，位相空間の間の連続写像	66

第4章　連結，コンパクト，分離　　73

4.1	連結集合，連結空間	73
4.2	弧状連結	79
4.3	位相空間のコンパクト集合	81
4.4	ハウスドルフ空間，正則空間，正規空間	86

第5章　距離空間続論　　93

5.1	完備	93
5.2	有界	96
5.3	一様連続	99
5.4	一様収束	101

第6章　位相空間続論　　105

6.1	位相の生成，位相の強弱	105
6.2	直積位相	106
6.3	可算公理	112
6.4	商位相	114

付録A　数直線（1次元ユークリッド空間）　　119

A.1	数直線	119
A.2	実数の構成 − デデキントの切断	120
A.3	数直線上の距離と位相	125
A.4	数列の極限	127
A.5	実数の基本的性質	128
A.6	関数の連続性	131

付録B　本書で用いる簡単論理・集合・写像　　135
B.1　簡単論理 …………………………………………………… 135
B.2　簡単集合 …………………………………………………… 137
B.3　簡単写像 …………………………………………………… 139

付録C　巻末試験　　143

証明集　　149

解答集　　179

参考文献　　197

あとがき　　199

索　引　　201

第 1 章

・・・・・・・・・・・・・・・・・・・・・・・・・・・・・・・・・・・・・

ユークリッド空間

　　平面の位相を具体的に説明して，位相とは何かをゆっくり解説していく．数学で大切な論理の復習も兼ねて，ていねいな上にていねいに証明を付けていく．すでにわかっている読者は読み飛ばしてもらって結構であるが，ここが本書の内容全般に対する伏線となるので，できれば，じっくりと読んで，平面への位相の"入れ方"をよく味わってほしい[1]．

1.1　平面上の点列の収束

　　平面上の点は，実数の組 (a, b) で表現される．平面上の点列は (a_n, b_n), $n = 1, 2, 3, \ldots$ と表される．いま，点 $\mathrm{P}(a, b)$ と点列 $\mathrm{P}_n(a_n, b_n)$ があったとして，「番号 n を大きくしていったとき，P_n が P に近づいていく」という状況を考えよう．それを表すには，たとえば，次の 2 つの言い方が考えられる：

　(I) n を大きくしていったとき，P_n と P の間の距離が 0 に収束する．

　(II) n を大きくしていったとき，数列 $\{a_n\}$ が a に収束し，かつ，$\{b_n\}$ が b に収束する．

　　どちらが適切な表現だろうか？

---

[1] 本書を通して説明してゆくのであるが，「位相を入れる」とは，要するに，「開集合が何であるかを決めること」である．

実は，(I) と (II) は同じことを表している．このとき，点列 $\{P_n\}$ が点 P に**収束する**といい，点 P を点列 $\{P_n\}$ の**極限**とよぶ．だから，(I) と (II) は同じ意味をもつので，どちらも適切である[2]．

「同じこと」を数学の専門用語で「同値である」あるいは「必要十分条件である」と表現する．2 つの条件（主張あるいは陳述）(I) と (II) が同値であるとは，ていねいに書くと，

「(I) が成り立つと仮定すると (II) が成り立ち，また，(II) が成り立つと仮定すると (I) が成り立つ」

ということである．

実際に (I) が成り立つのか，成り立たないのかは状況による．(II) が成り立つのか，成り立たないのかも状況による．即断してはいけない．数学は飛び抜けて抽象的な学問なので，現実を超えて，あらゆる可能性を考えているのである．だから「仮定」するのである．仮定して，その結果，論理的に何が導かれるかを推論するのである．したがって，数学の研究には汎用性があり，したがって，使い方次第で，数学は飛び抜けて応用範囲が広い学問にもなるのである．

さて，「(I) と (II) が同値」ということを，論理的に言い換えると，

「(I) ならば (II)」かつ「(II) ならば (I)」

が真ということである．

以上を踏まえて，「(I) と (II) が同値」であることを証明しよう．

(I) と (II) が同値であることの証明.

ステップ1. まず「(I) ならば (II)」を示す．

(I) を仮定する．すなわち，「n を大きくしていったとき，P_n と P の間の距離が 0 に収束する」という，点列 P_n に関する条件（性質，状況）を仮定する．上にも述べたように，その際，仮定したことが本当にそうなのか，実はそうでないのか，ということは，とりあえず詮索しない．あらゆる状況に対応できるように，あくまで「仮定」として設定するのが数学の精神なので

---

[2] 誰かに説明するときは，どちらでもよいので，相手にわかりやすいと思われる方で説明すればよいのである（I 先生）．

ある.

P_n と P の間の距離は,三平方の定理(ピタゴラスの定理)によって,

$$\overline{PP_n} = \sqrt{(a_n - a)^2 + (b_n - b)^2}$$

だから,1つの数列 $\{\sqrt{(a_n - a)^2 + (b_n - b)^2}\}$ について,

$$\sqrt{(a_n - a)^2 + (b_n - b)^2} \to 0 \quad (n \to \infty)$$

ということを仮定している(☞ 数列の極限:A.4節).さて,(I) を仮定すれば,(II) が成り立つ,ということを示すことが当座の目標であった.そこで,(I) の仮定のもとで,n を大きくしていったとき,a_n が a に収束するかどうかをまず確かめる.「a_n が a に収束する」ということは,「$a_n - a$ が 0 に収束する」ということである.「$a_n - a$ が 0 に収束する」ということは,絶対値を付けて,「$|a_n - a|$ が 0 に収束する」ということと同じ意味である.

いま,不等式

$$0 \leqq |a_n - a| = \sqrt{(a_n - a)^2} \leqq \sqrt{(a_n - a)^2 + (b_n - b)^2} = \overline{PP_n}$$

が成り立つから,(I) を仮定すると,n を大きくしていったとき,はさみうちされた $|a_n - a|$ は必然的に 0 に収束することになる.したがって,a_n は a に収束する.

次に,(I) の仮定のもとで,n を大きくしていったとき,b_n が b に収束するかどうかを確かめる,ということになるが,これは上と同様であって,不等式

$$0 \leqq |b_n - b| = \sqrt{(b_n - b)^2} \leqq \sqrt{(a_n - a)^2 + (b_n - b)^2} = \overline{PP_n}$$

から,(I) を仮定すると,n を大きくしていったとき,$|b_n - b|$ が 0 に収束することがわかり,b_n が b に収束することも導かれる.

したがって,(I) を仮定すると,「n を大きくしていったとき,a_n が a に収束し,かつ,b_n が b に収束する」こと,つまり,(II) が成り立つことがわかった.

よって,「(I) ならば (II)」は真である.

ステップ 2. 次に「(II) ならば (I)」を示す.

(II) を仮定する．すなわち，「n を大きくしていったとき，a_n が a に収束し，かつ，b_n が b に収束する」という，点列 P_n に関する条件（性質，状況）を仮定する．その仮定のもとで，(I) を示そう．

繰り返し強調したいのは，その際，本当にそうなのか，実はそうでないのか，は詮索しない．あらゆる状況に対応できるように，あくまで「仮定」として設定しているわけである．それが数学の精神である．

さて，(II) を仮定して (I) を示すために，n を大きくしていったとき，P_n と P の距離が 0 に収束するかどうかを調べる．いま，三角不等式から，

$$0 \leqq \overline{PP_n} \leqq |a_n - a| + |b_n - b|$$

がわかるから，

$$|a_n - a| \to 0, \quad \text{かつ}, \quad |b_n - b| \to 0 \ (n \to \infty)$$

という仮定 (II) から，

$$\overline{PP_n} \to 0 \ (n \to \infty)$$

という (I) の主張が導かれる．したがって，「(II) ならば (I)」が真である．

以上により，(I) と (II) が同値であること，すなわち，同じ意味であることが示された． $\square$

さらに，条件 (I), (II) と同じ条件として，次の条件 (III) が考えられる．

(III) 任意の $\varepsilon > 0$ に対し，番号 N が存在して，$N \leqq n$ ならば，$\overline{PP_n} < \varepsilon$.

正数 ε をいくら小さく設定しても，それに応じて番号 N を大きくとれば，それから先のすべての n については，$\overline{PP_n} < \varepsilon$ となる，というココロである．

$\{\overline{PP_n}\}$ は非負の実数からできる数列である．一般に，実数の数列 $\{c_n\}$ が 0 に収束するというのは，n を増加させたとき，c_n の大きさ（絶対値）が限りなく小さくなる，という意味である．すなわち，論理的に述べると，「任意の $\varepsilon > 0$ に対し，番号 N があって，$N \leqq n$ ならば，$|c_n| < \varepsilon$ となる」という意味である．

1.2 開円板を合わせてできる平面領域   5

本書を通して学んでいけば，条件 (III) も (I) や (II) と同じ条件であることが"すんなり"わかるようになる，そんなことを目標に，位相に関するあれこれを急がずに，じっくり説明していくことにする．

●コラム●

授業後の質問の時間．

S 君：「(II) ならば (I)」で三角不等式を使っていましたが，

$$\lim_{n\to\infty} \overline{PP_n} = \sqrt{\{\lim_{n\to\infty}(a_n - a)\}^2 + \{\lim_{n\to\infty}(b_n - b)\}^2} = 0$$

としたらなぜダメなのですか？

I 先生：ダメとは一言も言ってないよ．ちゃんと説明できていれば大丈夫だよ．正しい「筋道」はいくらでもあり得る．自分の道に自信をもち，他の人の道も尊重する．それが大切だね．

O さん：… ところで，三角不等式や三平方の定理は自由に使ってもいいんですか？

I 先生：ここでは前提として仮定しているんだ．それを正しいと仮定して，論理的に非常にていねいに推論したらどうなるか，という例として取り上げたんだよ．数学とはそういうものだから．

U 博士：でも，何を仮定して何を仮定してないか，ハッキリさせた方がいいですね．

I 先生：そだね．

1.2 開円板を合わせてできる平面領域

前節で，平面上の点列の収束について解説した．そのときに，距離 $\overline{PP_n}$ が 0 に収束する，という条件を扱った．そこでは，点 P を中心とし半径 ε の円を考えて，別の点が，そのテリトリーに入ってくるか，入ってこないか，というようなことが関わっていた．それを手がかりに，位相の基礎となる開集合についてこれから説明していく．まず手はじめに，開集合を直観的に捉えるために"開円板"を合わせてできる平面領域を考えて，その後，開集合の

定義を導入する．

平面上の，中心が P(a,b) で半径が ε の"開円板"を考える．

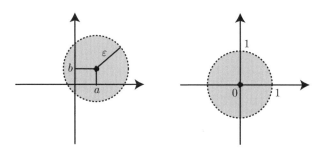

図 左は一般的な円板の模式図，右は一例．

点 P からの距離が ε より真に小さいような範囲を考えるのである．距離がちょうど ε になる部分は除外していることに注意する．ここで，中心 P は平面上のどんな点を選んでもよい．半径 ε は正の数であれば，やはりどんな実数でもよい．上の右図には，中心の座標が原点 O$(0,0)$ で，半径が 1 の開円板が描かれている．

いくつかの開円板を中心と半径を変化させて組み合わせれば，いろいろな領域ができる．たとえば，正方形領域は開円板を組み合わせて作ることができる[3]．

◆ **例 1** 領域 $0<x<1,\ 0<y<1$ は，開円板を合わせて表される．

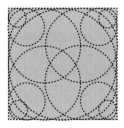

図 丸で四角を作る．四角い部屋を丸く掃く．

---

[3] まさか，そんなはずはない，隅っこには絶対に届かないはずだ．丸い図形で四角が作れるわけがない．そんなバカな，と思うかもしれない．でも，できるのである（I 先生）．

ただし，この場合，開円板が無限に必要になることは言うまでもない．

定義 2 (**開円板，平面上の点の ε-近傍**)　中心が $\mathrm{P}(a,b)$ で半径が ε の平面上の開円板領域の方程式は，

$$(x-a)^2 + (y-b)^2 < \varepsilon^2$$

である．この開円板を $B(\mathrm{P},\varepsilon)$ と表し，点 P の ε-**近傍**とよぶ．

例 1 の補足説明をしよう．領域 $0<x<1$, $0<y<1$ を S とおく．S 内の任意の点 $\mathrm{P}(a,b)$ をとる．$0<a<1$, $0<b<1$ が成り立っている．半径 $\delta>0$ を十分小さく選んで，開円板 $B(\mathrm{P},\delta)$ の上のどの点 (x,y) も条件 $0<x<1$, $0<y<1$ を満たすようにできる．

実際，δ を $a,b,1-a,1-b$ のうちの最小値にとる．すると，条件 $(x-a)^2+(y-b)^2<\delta^2$ から，

$$|x-a|^2 = (x-a)^2 \leqq (x-a)^2 + (y-b)^2 < \delta^2 \leqq a^2$$

となり，$|x-a|<a$ が導かれ，特に，$a-x<a$ すなわち，$0<x$ となる．上の式の最右辺を $(1-a)^2$ にもできるので，$|x-a|<1-a$, 特に，$x-a<1-a$, すなわち，$x<1$ も得られる．また，同様に，

$$|y-b|^2 = (y-b)^2 \leqq (x-a)^2 + (y-b)^2 < \delta^2 \leqq b^2$$

だから，$0<y$ が導かれ，最右辺を $(1-b)^2$ にもできるので，$y<1$ も導かれる．したがって，$B(\mathrm{P},\delta)$ の上のどの点も S に属することがわかった．

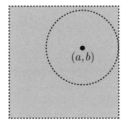

図　半径 δ の円板が領域 $0<x<1$, $0<y<1$ に含まれる．

点 P は S の任意の点だったから，S はこのような開円板を合わせて表されることになる．

なお，P に応じて δ を変化させて選んだので，δ を明確に δ_{P} と書くことにして，集合の記号（☞ B.2 節）を使って表せば，

$$S = \bigcup_{\mathrm{P} \in S} B(\mathrm{P}, \delta_{\mathrm{P}})$$

となる．$\bigcup$ は和集合（合併集合）の記号であり，$\in$ は属するという意味の記号である．つまり，右辺は，S に属する点 P をすべて考えて，開円板 $B(\mathrm{P}, \delta_{\mathrm{P}})$ をすべて合わせて和集合をとったものである．

以上の考察をもとに，次の例題を解いてみよう．

◈ **例題 3** 領域 $S : 0 < x < 1,\ 0 < y < 1$ が開円板を合わせてできることを示せ．

例題 3 の解答例. S の点 $\mathrm{P}(a, b)$ について，半径を $\delta = \min\{a, b, 1-a, 1-b\}$ とすれば，$B(\mathrm{P}, \delta) = B((a, b), \min\{a, b, 1-a, 1-b\})$ は S に含まれる．このとき，点 $\mathrm{P}(a, b)$ が領域 S のすべての点を動けば，

$$S = \bigcup_{(a,b) \in S} B((a, b), \min\{a, b, 1-a, 1-b\})$$

となる．したがって，S は開円板を合わせてできる． □

演習問題 4 領域 $T : 0 < x, 0 < y, x + y < 1$ が開円板を合わせてできることを示せ． ☺

●コラム●

今日は，U 博士が飼い犬のとぽ次郎を研究室につれてきた．そこに遊びにきた O さんと S 君．

O さん：要するに開集合というのは，境界を含まないということですよね～．

S 君：でも境界というのが何かを決めないとわからないよ．境界って何だろう？ 先生はいないんですか？

U博士：今日は留守よ．たぶん，その話はまた後の授業で出てくると思うけど．

とぽ次郎：ク〜ン．

U博士：私の家で飼っているの．

Oさん：まあ，かわいい．名前は何ていうんですか？

U博士：とぽ次郎．

Oさん：へ〜っ．

S君：とぽ次郎！

とぽ次郎：ワン！

1.3　平面上の距離と開集合

　前々節では，平面上の点列の収束を説明し，前節では，平面上の開円板からできる領域について考察した．このとき，平面上の距離を使っているわけなので，平面上の距離について再確認しておこう．

　以下は，平面 $\mathbf{R}^2$ 上のいわゆるユークリッド距離の説明である．後で高次元に一般化するために，前節までとは座標の書き方を少し変えて改めて説明する．

　点 $\mathrm{A}(a_1, a_2)$ と点 $\mathrm{B}(b_1, b_2)$ の**ユークリッド距離** $d(\mathrm{A}, \mathrm{B}) = \overline{\mathrm{AB}} = |\overrightarrow{\mathrm{AB}}|$ は

$$d(\mathrm{A}, \mathrm{B}) = \sqrt{(b_1 - a_1)^2 + (b_2 - a_2)^2}$$

により定まる．このとき，次が成り立つ．

距離の性質：

1. （対称性）　任意の $\mathrm{A}, \mathrm{B} \in \mathbf{R}^2$ について $d(\mathrm{A}, \mathrm{B}) = d(\mathrm{B}, \mathrm{A})$ が成り立つ．
2. （正値性1）　任意の $\mathrm{A}, \mathrm{B} \in \mathbf{R}^2$ について $d(\mathrm{A}, \mathrm{B}) \geqq 0$ である．
3. （正値性2）　$d(\mathrm{A}, \mathrm{B}) = 0$ となるのは，$\mathrm{A} = \mathrm{B}$ のとき，そのときに限る．
4. （三角不等式）　任意の3点 $\mathrm{A}, \mathrm{B}, \mathrm{C} \in \mathbf{R}^2$ について，

$$d(\mathrm{A}, \mathrm{C}) \leqq d(\mathrm{A}, \mathrm{B}) + d(\mathrm{B}, \mathrm{C})$$

が成り立つ.

性質 1, 2, 3 については納得できるだろう．性質 4 の三角不等式については，△ABC を考えて，点 B から直線 AB へ垂線を引いて，交点を D とする．

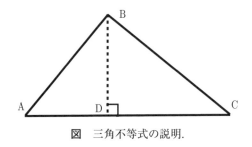

図 三角不等式の説明．

このとき，D が線分 AB の上にあるかどうかにかかわらず，

$$d(A, C) \leqq d(A, D) + d(D, C) \leqq d(A, B) + d(B, C)$$

となることから説明できる．

さて，この距離を使って，$\mathbf{R}^2$ の開集合の定義を与えよう．

定義 5（**平面上の開集合**）　$\mathbf{R}^2$ の部分集合 U が**開集合**であるとは，U の任意の点 Q に対し，正数 $\delta > 0$ が存在して，Q の δ-近傍 $B(Q, \delta)$ が U に含まれるときにいう[4]．

このとき次が成り立つ．

補題 6　P の ε-近傍 $B(P, \varepsilon)$ は定義 5 の意味で $\mathbf{R}^2$ の開集合である．

ε-近傍（開円板）$B(P, \varepsilon)$ は，点 P との距離が ε より小さいような点の集まりである．だから，

$$B(P, \varepsilon) = \{Q \in \mathbf{R}^2 \mid d(P, Q) < \varepsilon\}$$

となる．（☞ 集合の記号 $\{\ \mid\ \}$ については B.2 節を参照．）

---

[4] ε と δ の使い分けは決まっていないが，本書では，いわゆる ε-δ 論法を意識して，任意に与えられる正数には ε を使い，存在する，とか，適切に選ぶ方の正数には δ を基本的に使用している．ε は気まぐれなアイツ，δ は気遣い上手なワタシ，と思えばよい（I 先生）．

1.3 平面上の距離と開集合　　11

補題 6 の証明. $U = B(\mathrm{P}, \varepsilon)$ とおいて，定義 5 の条件が成り立つことを示す．U の任意の点 Q をとる．$U = B(\mathrm{P}, \varepsilon)$ の定義から，$d(\mathrm{P}, \mathrm{Q}) < \varepsilon$ である．$r = d(\mathrm{P}, \mathrm{Q})$ とおき，$\delta = \varepsilon - r$ とおく．すると，$\delta > 0$ である．

$B(\mathrm{Q}, \delta)$ が U に含まれることを示す．$B(\mathrm{Q}, \delta)$ から任意の点 R をとる．$d(\mathrm{Q}, \mathrm{R}) < \delta$ である．すると，三角不等式から，

$$d(\mathrm{P}, \mathrm{R}) \leqq d(\mathrm{P}, \mathrm{Q}) + d(\mathrm{Q}, \mathrm{R}) < r + \delta = \varepsilon$$

となるので，点 R は $U = B(\mathrm{P}, \varepsilon)$ に属する．点 R は，$B(\mathrm{Q}, \delta)$ の任意の点であったので，$B(\mathrm{Q}, \delta)$ が U に含まれることが示された．　　　□

補題 7　$\mathbf{R}^2$ の部分集合 U が開円板を合わせてできることと，U が定義 5 の意味で $\mathbf{R}^2$ の開集合であることとは同値である（つまりお互いに必要十分条件である）.

補題 7 の証明. U が開円板を合わせてできると仮定して，U が定義 5 の意味で開集合であることを示す．U の任意の点 Q をとる．U は開円板たちを合わせたものだから，Q を含み，U に含まれる開円板 $B(\mathrm{P}, \varepsilon)$ がある．補題 6 と点 Q が $B(\mathrm{P}, \varepsilon)$ に属することから，$\delta > 0$ が存在して，$B(\mathrm{Q}, \delta)$ が $B(\mathrm{P}, \varepsilon)$ に含まれる．$B(\mathrm{P}, \varepsilon)$ は U に含まれていたから，$B(\mathrm{Q}, \delta)$ は U に含まれる．つまり，U の任意の点 Q に対して，$\delta > 0$ が存在して，$B(\mathrm{Q}, \delta)$ は U に含まれる．よって，U は定義 5 の意味で開集合であることが確かめられた．

逆に，U は定義 5 の意味で開集合であるとしよう．U の任意の点 Q に対して，Q に依存する $\delta = \delta_{\mathrm{Q}} > 0$ が存在して，$B(\mathrm{Q}, \delta_{\mathrm{Q}})$ が U に含まれる．したがって，開円板 $B(\mathrm{Q}, \delta_{\mathrm{Q}})$ をすべて合わせたものは U に含まれる．点 Q は $B(\mathrm{Q}, \delta_{\mathrm{Q}})$ に属するので，$B(\mathrm{Q}, \delta_{\mathrm{Q}})$ たちをすべて合わせたものが U を含むことは明らかである．したがって，U は開円板 $B(\mathrm{Q}, \delta_{\mathrm{Q}})$ を合わせてできるものと完全に一致する．つまり，U は開円板を合わせてできる領域である．□

演習問題 8　$\mathbf{R}^2$ の点 (x_0, y_0) と正数 $\varepsilon > 0$ に対し，

$$V = \left\{ (x, y) \in \mathbf{R}^2 \;\middle|\; x_0 - \frac{\varepsilon}{\sqrt{2}} < x < x_0 + \frac{\varepsilon}{\sqrt{2}}, \quad y_0 - \frac{\varepsilon}{\sqrt{2}} < y < y_0 + \frac{\varepsilon}{\sqrt{2}} \right\}$$

とおくと，V が $B((x_0, y_0), \varepsilon)$ に含まれることを示せ．☺

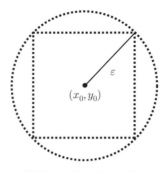

演習問題 8 の参考図　四角と丸.

●コラム●

I 先生：基本的な定義はすべて覚えておこう．定理は覚えなくてよいが，定義は必ず覚えよう．

O さん：開円板を合わせてできるということと開集合であることは同じ意味なんですね．

I 先生：そうだよ．だから，どちらを定義として採用しても同じことになるね．

S 君：どれを覚えればいいんですか？　どちらでもいいと言うと紛らわしい感じがします．

I 先生：紛らわしくてゴメンね．もちろん，正式な定義（定義 5）を覚えてね．そして開円板を合わせてできることも参考にしてね．

とぽ次郎：ワン！

I 先生：とぽ次郎も授業を聞いていたのかい？

とぽ次郎：ク〜ン．

1.4　平面の部分集合の内点・外点・境界点

以下では，平面の座標を (a,b) とか (x,y) ではなく，一般次元の場合を考えやすいように，(x_1, x_2) などと表すことにする．また平面上の点を座標で表すことにする[5]．

---

[5] 点 $P(x_1, x_2)$ と表さずに，点 (x_1, x_2) と表したり，簡単に小文字の太文字で，$\boldsymbol{x} = (x_1, x_2)$

1.4 平面の部分集合の内点・外点・境界点

A を平面 $\mathbf{R}^2$ の部分集合とする．このとき，A を基準として，平面上の点が 3 種類に分けられることを説明する．A の内点，A の外点，A の境界点の 3 種類に分けられることを説明する[6]．

定義 9 (平面上の集合の内点，外点，境界点)　点 $\boldsymbol{x} = (x_1, x_2) \in \mathbf{R}^2$ が A の**内点**とは，ある $\delta > 0$ が存在して $B(\boldsymbol{x}, \delta) \subseteq A$ のときにいう．

点 $\boldsymbol{x} = (x_1, x_2) \in \mathbf{R}^2$ が A の**外点**とは，ある $\delta > 0$ が存在して，$B(\boldsymbol{x}, \delta) \cap A = \emptyset$ のときにいう．すなわち，補集合 $\mathbf{R}^2 \setminus A$ の内点のときである．

点 $\boldsymbol{x} = (x_1, x_2) \in \mathbf{R}^2$ が A の**境界点**とは，A の内点でも外点でもないときにいう．すなわち，任意の $\varepsilon > 0$ に対し，$B(\boldsymbol{x}, \varepsilon) \not\subseteq A$ かつ $B(\boldsymbol{x}, \varepsilon) \cap A \neq \emptyset$ のときにいう．

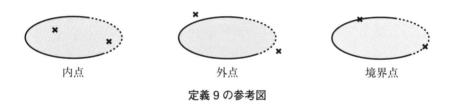

内点　　　　　　　外点　　　　　　　境界点

定義 9 の参考図

✔ **注意 10**　A の内点は A に属する．A の外点は A に属さない．実際，x が A の内点とすると，$\delta > 0$ が存在して，$B(\boldsymbol{x}, \delta) \subseteq A$ となるが，$\boldsymbol{x} \in B(\boldsymbol{x}, \delta)$ だから，$\boldsymbol{x} \in A$ となる．また，$\boldsymbol{x}$ が A の外点とすると，$\delta > 0$ が存在して，$B(\boldsymbol{x}, \delta) \cap A = \emptyset$ となるが，$\boldsymbol{x} \in B(\boldsymbol{x}, \delta)$ だから，$\boldsymbol{x} \notin A$ となる．このように $\mathbf{R}^2$ の部分集合 A を与えるごとに，$\mathbf{R}^2$ の点が，A の内点と境界点と外点の 3 種類に，もれなく重複なく分類されることになる．

◼ **例 11**　$A = \{\boldsymbol{x} = (x_1, x_2) \in \mathbf{R}^2 \mid x_1 \geqq 0,\ x_2 > 0\}$ とおく．$(x_1, x_2) \in \mathbf{R}^2$ について，(x_1, x_2) が A の内点なのは，$x_1 > 0,\ x_2 > 0$ のとき，A の外点なのは，$x_1 < 0$ または $x_2 < 0$ のとき，A の境界点なのは，$(x_1 = 0$ かつ $x_2 \geqq 0)$ または $(x_2 = 0$ かつ $x_1 \geqq 0)$ のときである．

などと表す．
[6] 集合の記号，属する $\in$，含まれる $\subseteq$，共通部分 $\cap$，和集合 $\cup$，差集合 $B \setminus A$ や空集合 $\emptyset$ などについては，B.2 節に説明がある（U 博士）．

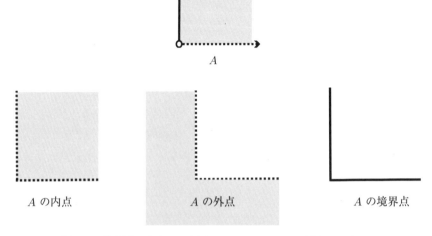

例11の参考図　ちなみに原点 $\mathbf{0} = (0,0)$ は A に属していない.

さて定義 9 のもとで，次の用語の定義を与えよう.

定義 12 (平面上の集合の内部，外部，境界)　A を $\mathbf{R}^2$ の部分集合とする.
A のすべての内点の集合を A の**内部**とよび，$\mathrm{Int}(A)$ と記す[7]:

$$\mathrm{Int}(A) := \{ x \in \mathbf{R}^2 \mid x \text{ は } A \text{ の内点} \}.$$

A のすべての外点の集合を A の**外部**とよび，$\mathrm{Ext}(A)$ と記す[8]:

$$\mathrm{Ext}(A) := \{ x \in \mathbf{R}^2 \mid x \text{ は } A \text{ の外点} \}.$$

A のすべての境界点の集合を A の**境界**とよび，$\partial(A)$ と記す[9]:

$$\partial(A) := \{ x \in \mathbf{R}^2 \mid x \text{ は } A \text{ の境界点} \}.$$

---

[7]　A の内部 $\mathrm{Int}(A)$ は A° や A^i などと表されるときがある.
[8]　A の外部 $\mathrm{Ext}(A)$ は A^e と表されるときがある．ちなみに，A の外部は，補集合 $A^c = X \setminus A$ の内部なので，$(A^c)^\circ$ と表される.
[9]　A の境界 $\partial(A)$ は，∂A や $\mathrm{Bdr}(A)$ や A^b などと表されるときがある（U 博士）.

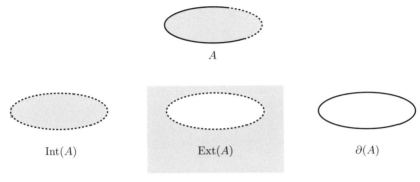

定義 12 の参考図　内部，外部，そして境界．

演習問題 13　A を $\mathbf{R}^2$ の部分集合とする．このとき，A の外部は，補集合 $A^c = X \setminus A$ の内部に等しいこと，つまり，$\mathrm{Ext}(A) = \mathrm{Int}(A^c)$ が成り立つことを示せ．☺

　注意 10 で見たように，一般に $\mathrm{Int}(A) \subseteq A$ は，どのような部分集合 A についても成立する．

　次の定理は，A が開集合であるための条件を与えている．定理 14 の証明は巻末の証明集にある．

定理 14　$\mathbf{R}^2$ の部分集合 A について，A が $\mathbf{R}^2$ の開集合である必要十分条件は，A が A の内点のみからなること，つまり，$A = \mathrm{Int}(A)$ であることである．

1.5　平面上の閉集合

定義 15（平面の閉集合）　平面 $\mathbf{R}^2$ の部分集合 A が**閉集合**であるとは，A の境界点がすべて A に属しているときにいう（☞ 内点・外点・境界点：定義 9）．

✔ **注意 16**　定義 15 は，$\mathbf{R}^2$ に限らず，一般の距離空間でも位相空間でも通用する（☞ 閉集合：定義 127）．

定義 17（平面上の集合の閉包） $\mathbf{R}^2$ の部分集合 A について，A のすべての内点と境界点からなる集合を $\overline{A}$ と書き，A の**閉包**とよぶ[10]：

$$\overline{A} := \{x \in \mathbf{R}^m \mid x \text{ は } A \text{ の内点または境界点}\}.$$

✔ **注意 18** 一般に $A \subseteq \overline{A}$ が成り立つ．実際，$x \in A$ とすると，x は A の外点ではないから（外点なら $x \notin A$ であるから），x は A の内点か，または，A の境界点となる．したがって，$x \in \overline{A}$ となる．よって，$A \subseteq \overline{A}$ が成り立つ．

閉集合かどうかを閉包や補集合で特徴付けることができる．定理 19 の証明は巻末の証明集にある．

定理 19 $\mathbf{R}^2$ の部分集合 A について，次の 3 条件は，互いに同値である．
 (i) A が $\mathbf{R}^2$ の閉集合である（☞ 定義 15）．
 (ii) $\overline{A} = A$ が成り立つ．
 (iii) 補集合 $A^c = \mathbf{R}^2 \setminus A$ が $\mathbf{R}^2$ の開集合である．

✔ **注意 20** 定理 19 は，$\mathbf{R}^2$ に限らず，一般の距離空間でも位相空間でも成立する．

閉集合の条件は点列の極限の条件で述べることもできる．定理 21 の証明も巻末の証明集にある．

定理 21 $\mathbf{R}^2$ の部分集合 A が閉集合である必要十分条件は，A 上の収束する点列の極限が必ず A に属することである．

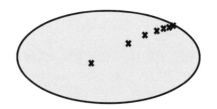

定理 21 の参考図 収束する無限点列を想像．

---

[10] 閉包 $\overline{A}$ は $\mathrm{Cl}(A)$ と表されるときもある（I 先生）．

> **●コラム●**
>
> **S君**：あの〜，別の位相の本には，閉集合は，補集合が開集合であるもの，という定義が載っていたのですが，閉集合の定義はどれが本当なのですか？
>
> **I先生**：数学では同値な条件は同等だから，どの定義から始めても同じことになるね．なるべくわかりやすい説明をしているつもりなんだが...なあ，とぽ次郎．
>
> **とぽ次郎**：ワンワン．
>
> **Oさん**：ところで，「(i) なら (ii)」と「(ii) なら (iii)」と「(iii) なら (i)」がいえると，どうして (i), (ii), (iii) がお互いに同値になるのですか？
>
> **U博士**：「(i) ならば (ii)」と「(ii) ならば (iii)」から「(i) ならば (iii)」が出てくるでしょう．
>
> **とぽ次郎**：ワンワンワン．
>
> **Oさん**：三段論法ですね．
>
> **U博士**：そう．「(i) ならば (iii)」も「(iii) ならば (i)」もいえるから，必要十分条件ということ．

1.6 平面の部分集合のコンパクト性

前節までで述べたことを実際に応用し，いろいろな概念に慣れるために，「コンパクト」という位相では重要な専門用語に少し触れておこう．ただし，ここでは「点列コンパクト」という形で導入する（☞ 点列コンパクト：定理194）．

定義 22 $\mathbf{R}^2$ の部分集合 A が**点列コンパクト**とは，A 上の任意の点列 $\boldsymbol{x}_n = (x_{1n}, x_{2n})$ $(n = 1, 2, 3, \dots)$ に対し，その適切な部分列[11]）が A の点に収束することである．

また，A が**有界**であるとは，半径 R を十分大きくとったとき，$A \subseteq B(\mathbf{0}, R)$

---

[11]）点列 $\boldsymbol{x}_n$ の部分列とは，番号 n について，数列 $n_1 < n_2 < n_3 < \cdots$ をとって作った点列 $\boldsymbol{x}_{n_1}, \boldsymbol{x}_{n_2}, \boldsymbol{x}_{n_3}, \dots$ のことである（U博士）．

（原点 $\mathbf{0} = (0,0)$ 中心の R-近傍）となることである.

このとき，次の点列コンパクト集合の特徴付けが成立する．定理 23 の証明は巻末証明集にある.

定理 23　$\mathbf{R}^2$ の部分集合 A が点列コンパクトである必要十分条件は，A が有界閉集合であることである.

✔ **注意 24**　一般的な位相空間の理論では，コンパクトという性質は，別の定義となる（☞ 位相空間のコンパクト集合：4.3 節）．それと区別するために，ここでは「点列コンパクト」という用語を用いた.

1.7　平面上の実数値連続関数

位相の話で最重要な概念の 1 つである「連続」について述べる.

まず，$\mathbf{R}^2$ の近傍，あるいは，開近傍という用語を導入しておこう.

定義 25（平面上の点の近傍，開近傍）　$\boldsymbol{a} = (a_1, a_2) \in \mathbf{R}^2$ とする．$\mathbf{R}^2$ の部分集合 N が $\mathbf{R}^2$ における $\boldsymbol{a}$ の**近傍**とは，ある $\delta > 0$ が存在して，$\boldsymbol{a} = (a_1, a_2)$ の δ-近傍 $B(\boldsymbol{a}, \delta)$ が N に含まれることである.

また，$\mathbf{R}^2$ の部分集合 U が $\mathbf{R}^2$ における $\boldsymbol{a} = (a_1, a_2)$ の**開近傍**とは，U が $\boldsymbol{a}$ を含む開集合であることをいう.

U が $\boldsymbol{a}$ の開近傍のとき，U は $\boldsymbol{a}$ の近傍，すなわち，ある $\delta > 0$ が存在して，$\boldsymbol{a} = (a_1, a_2)$ の δ-近傍 $B(\boldsymbol{a}, \delta)$ が U に含まれることに注意する.

✔ **注意 26**　上の定義から，$\boldsymbol{a}$ の近傍 N とは，$\boldsymbol{a}$ に十分近い点は含まれているような集合のことである，ということができる.

定義 27（平面上の関数の連続性）　$f : \mathbf{R}^2 \to \mathbf{R}$ を実数値関数，$\boldsymbol{a} = (a_1, a_2) \in \mathbf{R}^2$ とする．f が $\boldsymbol{a}$ で**連続**とは，$\boldsymbol{a}$ に収束する $\mathbf{R}^2$ 上の任意の点列 $\{\boldsymbol{x}_n\}$ に対し，実数列 $\{f(\boldsymbol{x}_n)\}$ が $f(\boldsymbol{a})$ に収束するときにいう．言い換えると，

$$\lim_{n \to \infty} d(\boldsymbol{a}, \boldsymbol{x}_n) = 0 \text{ ならば } \lim_{n \to \infty} |f(\boldsymbol{a}) - f(\boldsymbol{x}_n)| = 0$$

が成り立つときである.

$\mathbf{R}^2$ 上の点列 $x_n = (x_{1n}, x_{2n})$ が $a = (a_1, a_2)$ に収束するとは，実数列 $d(a, x_n)$ が 0 に収束するというのが定義であった（☞ 1.1 節の定義 (I)）.

与えられた点において関数が連続であるための条件が次で与えられる．定理 28 の証明は巻末の証明集にある.

$\boxed{\text{定理 28}}$ $f : \mathbf{R}^2 \to \mathbf{R}$ を関数，$a = (a_1, a_2) \in \mathbf{R}^2$ とする．このとき，次の 3 条件は互いに必要十分条件である.

(1) f が a で連続.（つまり，a に収束する $\mathbf{R}^2$ 上の任意の点列 $\{x_n\}$ に対し，数列（$\mathbf{R}$ の点列）$\{f(x_n)\}$ が $f(a)$ に収束する.）

(2) 任意の $\varepsilon > 0$ に対して，$\delta > 0$ が存在して，$x \in \mathbf{R}^2$ について，$d(x, a) < \delta$ ならば $|f(x) - f(a)| < \varepsilon$ が成り立つ.

(3) 任意の $\varepsilon > 0$ に対し，$\mathbf{R}^2$ における a の近傍 N が存在して，任意の $x \in N$ に対して，$|f(x) - f(a)| < \varepsilon$ が成り立つ.

$\boxed{\text{定義 29}}$ **（平面上の連続関数）** 関数 $f : \mathbf{R}^2 \to \mathbf{R}$ が**連続関数**であるとは，すべての点 $a \in \mathbf{R}^2$ で f が連続なことをいう．つまり，任意の $a \in \mathbf{R}^2$ と，a に収束する $\mathbf{R}^2$ 上の任意の点列 $\{x_n\}$, $x_n = (x_{1n}, x_{2n})$ に対し，数列 $\{f(x_n)\}$ が $f(a)$ に収束するときにいう（☞ 定義 27）.

写像 f が a で連続である条件は

$$\lim_{n \to \infty} x_n = a \ \text{ならば} \ \lim_{n \to \infty} f(x_n) = f(a)$$

となる.

また，f が（$\mathbf{R}^2$ 上の）連続関数である条件は，

任意の $a \in \mathbf{R}^2$ に対し，「$\displaystyle\lim_{n \to \infty} x_n = a \ \text{ならば} \ \lim_{n \to \infty} f(x_n) = f(a)$」

と表すことができる.

定理 28 から次の定理が導かれる．定理 30 の証明は巻末の証明集にある.

$\boxed{\text{定理 30}}$ 関数 $f : \mathbf{R}^2 \to \mathbf{R}$ について，次の 3 条件は同値である：

(i) $f : \mathbf{R}^2 \to \mathbf{R}$ が連続関数である（☞ 連続関数：定義 29）.

(ii) 任意の $a \in \mathbf{R}^2$ と，任意の $\varepsilon > 0$ に対して，$\delta > 0$ が存在して，任意の $x \in \mathbf{R}^2$ に対して，$d(a, x) < \delta$ ならば $|f(x) - f(a)| < \varepsilon$ が成り立つ.

20 第1章 ユークリッド空間

(iii) 任意の $a \in \mathbf{R}^2$ と，任意の $\varepsilon > 0$ に対して，$\mathbf{R}^2$ における a の近傍 N が存在して，任意の $x \in N$ に対して，$|f(x) - f(a)| < \varepsilon$ が成り立つ.

1.8 平面から平面への連続写像

平面から平面への写像についても連続性を定義してみよう.

定義 31 (**平面から平面への写像の連続性**) $f = (f_1, f_2) : \mathbf{R}^2 \to \mathbf{R}^2$ を写像，$a = (a_1, a_2) \in \mathbf{R}^2$ とする. f が a で**連続**とは，a に収束する $\mathbf{R}^2$ 上の任意の点列 $\{x_n\}$ に対し，$\mathbf{R}^2$ 上の点列 $\{f(x_n)\} = \{(f_1(x_n), f_2(x_n))\}$ が $f(a) = (f_1(a), f_2(a))$ に収束するときにいう. 言い換えると，

$$\lim_{n \to \infty} d(a, x_n) = 0 \text{ ならば } \lim_{n \to \infty} d(f(a), f(x_n)) = 0$$

が成り立つときである.

次の定理は，$\mathbf{R}^2$ から $\mathbf{R}^2$ への写像が与えられた点で連続である条件を与えている. 定理 32 の証明は巻末の証明集にある.

定理 32 $f : \mathbf{R}^2 \to \mathbf{R}^2$ を写像，$a \in \mathbf{R}^2$ とする. このとき，次の5条件は互いに必要十分条件である.

(1) f が a で連続. (つまり，a に収束する $\mathbf{R}^2$ 上の任意の点列 $\{x_n\}$ に対し，$\mathbf{R}^2$ 上の点列 $\{f(x_n)\}$ が $f(a)$ に収束する.)

(2) 任意の $\varepsilon > 0$ に対して，$\delta > 0$ が存在して，任意の $x \in \mathbf{R}^2$ に対して，$d(a, x) < \delta$ ならば $d(f(a), f(x)) < \varepsilon$ が成り立つ.

(2′) 任意の $\varepsilon > 0$ に対して，$\delta > 0$ が存在して，$f(B(a, \delta)) \subseteq B(f(a), \varepsilon)$ が成り立つ.

(3) $\mathbf{R}^2$ における $f(a)$ の任意の近傍 M に対し，$\mathbf{R}^2$ における a の近傍 N が存在して，$f(N) \subseteq M$ が成り立つ.

(3′) $\mathbf{R}^2$ における $f(a)$ の任意の開近傍 U に対し，$\mathbf{R}^2$ における a の開近傍 V が存在して，$f(V) \subseteq U$ が成り立つ.

演習問題 33 巻末証明集の定理 32 の証明では，条件 (2) と条件 (2′) が同値であること間接的に示している. 定理 32 の条件 (2) と条件 (2′) が同値であることを直接証明せよ. ☺

1.9 ユークリッド空間　21

定義 34（**平面から平面への連続写像**）　写像 $f: \mathbf{R}^2 \to \mathbf{R}^2$ が**連続写像**である
とは，すべての点 $a \in \mathbf{R}^2$ で f が連続なことをいう．つまり，任意の $a \in \mathbf{R}^2$
と，a に収束する $\mathbf{R}^2$ 上の任意の点列 $\{x_n\}$ に対し，$\mathbf{R}^2$ の点列 $\{f(x_n)\}$ が
$f(a)$ に収束するときにいう（☞ 点で連続：定義 31）.

　写像 $f: \mathbf{R}^2 \to \mathbf{R}^2$ が連続であるということは，すべての $a \in \mathbf{R}^2$ について，

$$\lim_{n \to \infty} x_n = a \ \ \text{ならば} \ \ \lim_{n \to \infty} f(x_n) = f(a)$$

が成り立つことである.

定理 35　写像 $f: \mathbf{R}^2 \to \mathbf{R}^2$ について，次の 5 条件は同値である：

(i) $f: \mathbf{R}^2 \to \mathbf{R}^2$ が連続写像である（☞ 連続写像：定義 34）.

(ii) 任意の $a \in \mathbf{R}^2$ と，任意の $\varepsilon > 0$ に対して，$\delta > 0$ が存在して，任意の
$x \in \mathbf{R}^2$ に対して，$d(a, x) < \delta$ ならば $d(f(a), f(x)) < \varepsilon$ が成り立つ.

(ii$'$) 任意の $a \in \mathbf{R}^2$ と，任意の $\varepsilon > 0$ に対して，$\delta > 0$ が存在して，
$f(B(a, \delta)) \subseteq B(f(a), \varepsilon)$ が成り立つ.

(iii) 任意の $a \in \mathbf{R}^2$ と，$\mathbf{R}^2$ における $f(a)$ の任意の近傍 M に対し，$\mathbf{R}^2$ に
おける a の近傍 N が存在して，$f(N) \subseteq M$ が成り立つ.

(iii$'$) 任意の $a \in \mathbf{R}^2$ と，$\mathbf{R}^2$ における $f(a)$ の任意の開近傍 U に対し，$\mathbf{R}^2$
における a の開近傍 V が存在して，$f(V) \subseteq U$ が成り立つ.

演習問題 36　定理 32 を用いて，定理 35 を証明せよ．☺

1.9　ユークリッド空間

　$\mathbf{R}^m$ は，m 個の実数の組 $(x_1, x_2, \ldots, x_m)$ のすべてからなる集合である．
$m = 2$ の場合を前節までで扱っていたことになる．いままで述べたことは，
$\mathbf{R}^m$ にまったく自然に素直に一般化できる.

　$\mathbf{R}^m$ の点 $a = (a_1, a_2, \ldots, a_m)$ と点 $b = (b_1, b_2, \ldots, b_m)$ の距離 $d(a, b)$ は

$$d(a, b) = \sqrt{(b_1 - a_1)^2 + (b_2 - a_2)^2 + \cdots + (b_m - a_m)^2}$$

により定まる.

22　　　　　　　　　　　第 1 章　ユークリッド空間

定義 37 **(ユークリッド空間)**　$\mathbf{R}^m$ に 2 点間の距離を上の通りに定めたとき, $\mathbf{R}^m$ を m 次元**ユークリッド空間**とよぶ.

このとき, 次が成り立つ.

(ユークリッド) 距離の性質:

1.（対称性）任意の $\boldsymbol{a}, \boldsymbol{b} \in \mathbf{R}^m$ について $d(\boldsymbol{a}, \boldsymbol{b}) = d(\boldsymbol{b}, \boldsymbol{a})$ が成り立つ.

2.（正値性 1）任意の $\boldsymbol{a}, \boldsymbol{b} \in \mathbf{R}^m$ について $d(\boldsymbol{a}, \boldsymbol{b}) \geqq 0$ である.

3.（正値性 2）$d(\boldsymbol{a}, \boldsymbol{b}) = 0$ となるのは, $\boldsymbol{a} = \boldsymbol{b}$ のとき, そのときに限る.

4.（三角不等式）任意の 3 点 $\boldsymbol{a}, \boldsymbol{b}, \boldsymbol{c} \in \mathbf{R}^m$ について,

$$d(\boldsymbol{a}, \boldsymbol{c}) \leqq d(\boldsymbol{a}, \boldsymbol{b}) + d(\boldsymbol{b}, \boldsymbol{c})$$

が成り立つ.

　ユークリッド距離の性質は, $\mathbf{R}^2$ の場合も $\mathbf{R}^m$ の場合も, まったく同じ形に表される. このように, 距離が満たす基本的な性質は, 次元とは関係なく記述できる. このことが, 一般的な距離空間の概念を導入するアイディアとなる (☞ 第 2 章：距離空間).

演習問題 38　上の 4 つの性質が成り立つことを確認せよ. ☺

✔ **注意 39**　ユークリッド空間 $\mathbf{R}^m$ を Euclid の頭文字を使って, $\mathbf{E}^m$ と表す場合がある.

　さて, m 次元ユークリッド空間 $\mathbf{R}^m$ においても, $\mathbf{R}^2$ と同様に, ε-近傍, 点列の収束, 位相すなわち開集合, 内点・外点・境界点, 内部・外部・境界, 閉集合, 連続関数, 連続写像, などが定義される. また, 解説した定理たちも同様に成り立つ. 実際, $\mathbf{R}^2$ を単純に $\mathbf{R}^m$ にいちいち読み替えればよい. ここでは, $\mathbf{R}^m$ における ε-近傍, 開集合, 閉集合の定義と言い換え, および, $\mathbf{R}^m$ の点列コンパクトな部分集合の特徴付けについてだけ, 念のため書き下しておく.

定義 40 **(ユークリッド空間の点の ε-近傍)**　$\mathbf{R}^m$ を m 次元ユークリッド空間とし, d をその距離とする. $\boldsymbol{a} \in \mathbf{R}^m$ とし, $\varepsilon > 0$ を正の実数とする. このとき,

$$B(\boldsymbol{a}, \varepsilon) := \{\boldsymbol{x} \in \mathbf{R}^m \mid d(\boldsymbol{a}, \boldsymbol{x}) < \varepsilon\}$$

を a の ε-近傍とよぶ．

定義 41 (ユークリッド空間の開集合) $\mathbf{R}^m$ の部分集合 U が**開集合**であるとは，任意の点 $a \in U$ に対し，正数 $\delta > 0$ が存在して，点 a の δ-近傍 $B(a, \delta)$ が U に含まれるときにいう．

定義 42 (ユークリッド空間の部分集合の境界点，閉集合) $\mathbf{R}^m$ の点 a が $\mathbf{R}^m$ の部分集合 A の**境界点**であるとは，任意の $\varepsilon > 0$ に対して，$B(a, \varepsilon)$ が A に属する点も含み，A に属さない点も含むとき，すなわち，$B(a, \varepsilon) \cap A \neq \emptyset$ かつ $B(a, \varepsilon) \cap (\mathbf{R}^m \setminus A) \neq \emptyset$ のときにいう．また，$\mathbf{R}^m$ の部分集合 F が**閉集合**であるとは，F の境界点がすべて F に属しているときにいう．

なお，$\mathbf{R}^2$ の場合と同様に，$\mathbf{R}^m$ の部分集合 U が開集合である必要十分条件は，U の境界点がすべて U に属さない，ということである．また，$\mathbf{R}^m$ の部分集合 F が閉集合である必要十分条件は，F の X における補集合が $\mathbf{R}^m$ の開集合である，ということである．

定義 43 (ユークリッド空間の有界集合) $\mathbf{R}^m$ の部分集合 A が**有界**であるとは，半径 R を十分大きくとったとき，原点 $\mathbf{0} = (0, 0, \ldots, 0)$ 中心の R-近傍 $B(\mathbf{0}, R)$ が A を含むことである．

参考図 有界集合は，半径が十分大きな近傍に収まる．

定義 44 (ユークリッド空間の点列コンパクト集合) $\mathbf{R}^m$ の部分集合 A が**点列コンパクト**とは，A 上の任意の点列 $x_n = (x_{1n}, x_{2n}, \ldots, x_{mn})$, $n = 1, 2, 3, \ldots$

に対し，その適切な部分列[12]が A の点に収束することである．

このとき，次が成り立つ．

定理 45 $\mathbf{R}^m$ の部分集合 A が点列コンパクトであるための必要十分条件は A が $\mathbf{R}^m$ の有界閉集合であることである．

定理 45 の証明のキーポイントが巻末の証明集に書いてある．

---

[12] 点列 $\boldsymbol{x}_n$ の部分列とは，番号 n について，数列 $n_1 < n_2 < n_3 < \cdots$ をとって作った点列 $\boldsymbol{x}_{n_1}, \boldsymbol{x}_{n_2}, \boldsymbol{x}_{n_3}, \ldots$ のことである（U 博士）．

●**余談**● 複素関数論, ユークリッド空間, 空間とは, 極限.

O さんと S 君が I 先生の研究室に質問に来る. U 博士ととぼ次郎も一緒.

O さん：位相というと, 複素関数論を勉強していても, 位相の話が出てきますね.

S 君：えっ？ 関数論に位相が要るの？

I 先生：複素数平面, ガウス平面, ともよばれるけど, 複素関数を調べるには, もちろん, 平面領域の位相が重要になる.

U 博士：だって収束半径とか, コーシーの定理にも位相の話は出てくるよ. リーマンの写像定理とか...

とぼ次郎：ウ〜ワン.

S 君：$\mathbf{R}^m$ というのが出てきましたが, 線形代数の授業ではベクトル空間だと習いました. ユークリッド空間ともいうんですか？

U 博士：ベクトル空間を表すこともあるし, ユークリッド空間を表すこともあるし, デカルト空間を表すこともあるね.

O さん：同音異義語ということですか？

I 先生：そうだね.

S 君：デカルト空間って何ですか？

U 博士：デカルトが考えた空間だけど, 座標が入った空間のことだね. ベクトル空間としての $\mathbf{R}^m$ かアフィン空間としての $\mathbf{R}^m$ に近いかな.

I 先生：歴史的に言うと, もちろんユークリッド, デカルトの順で, そのずっと後に, 単なる集合としての $\mathbf{R}^m$ を考えて, そこにいろいろ構造が入っているんだ. と考えはじめたわけだね. ちなみに, ユークリッドとデカルトは人名だけど, ベクトルとアフィンは人名ではない.

O さん：アフィン空間というのは？

U 博士：高校でベクトルを習うとき $\overrightarrow{AB}$ というのがあるじゃない.

O さん：はい.

U 博士：その A とか B とかはアフィン空間 $\mathbf{R}^m$ の点で, $\overrightarrow{AB}$ はベクトル空間 $\mathbf{R}^m$ のベクトルということね. まあ, 高校では, m が 2 とか 3 とかだけど.

I 先生：時間が経過すれば，だんだんと純粋培養の概念が登場してくる．昔は区別しなかったものを，今は区別する．区別できるようになって便利になった，ということだな．もちろん，抽象化は，スッパリと割り切れるものではなく，ゆらぎながら歴史にその痕跡を残している，という方が正確である．でも，わかりやすさを重視すると，歴史を遡って素朴な理解から始めるのがよいのかもしれない...

とぽ次郎：ワンワン．

S 君，O さん：よくわかりません．わからなかったら，また質問していいんですか？

U 博士，I 先生：そうだね．

とぽ次郎：ク〜ン．

第2章

距離空間

　空間とはなんだろう．集合は，たとえると，単なる"烏合の衆"である[1]．また，集合に群・環・体などの代数構造が入っても「空間」とはよばない．しかし，たとえば距離の構造が入れば，集合は「空間」とよぶに値するようになる．集合の要素は，その集合が空間と認識されたときに初めて，「点」とよばれる．実におもしろい．そのような空間概念の，ユークリッド空間の一般化の代表格が距離空間なのである．

2.1 距離関数

定義 46（**距離関数**，**距離空間**）　集合 X 上の**距離関数**とは，X 上の"2点関数"，すなわち，X と X の直積[2]の上の関数

$$d: X \times X \to \mathbf{R}$$

で，次の4条件のすべてを満たすものをいう：任意の $x, y, z \in X$ について[3]，

　1.（対称性）$d(x,y) = d(y,x)$ が成り立つ．

---
[1] カラスは賢い鳥であり，ある程度の社会を築いているという研究もある（I 先生）．
[2] $X \times X$ は順序も考慮した対 $(x,y), x \in X, y \in X$ の集まりである．
[3] いままでと違って，抽象的な集合 X の要素は太文字にしない．ユークリッド空間の点も普通の小文字で表すことがある．

28　　　　　　　　　　第 2 章　距離空間

2. (正値性 1) $d(x, y) \geqq 0$ である.

3. (正値性 2) $d(x, y) = 0$ になるのは $x = y$ のときに限る.

4. (三角不等式) $d(x, z) \leqq d(x, y) + d(y, z)$ が成り立つ.

距離関数を簡単に**距離**と略していうことも多い.

集合 X とその上の距離関数 d の対 (X, d) を**距離空間**という. つまり, 距離空間とは, 距離 (関数) が指定された集合のことである.

抽象的な距離の定義を与えたので, まず, 簡単な具体例から見てみよう[4].

◆ **例 47**　ただ 1 つの要素からなる集合 X 上の距離関数 $d : X \times X \to \mathbf{R}$ はただ 1 つである. つまり, $X = \{a\}$ とすると, X 上の距離関数 d は $d(a, a) = 0$ で定まる.

◆ **例 48**　2 つの要素 a, b からなる集合 $X = \{a, b\}$ 上の距離関数は, $d(a, b)$ の値で定まる. 実際, 任意に正の実数 $r > 0$ を与えると, 距離関数 $d : X \times X \to \mathbf{R}$ が, $d(a, a) = d(b, b) = 0,\ d(a, b) = d(b, a) = r$ により定まる.

◆ **例題 49**　3 つの要素 a, b, c からなる集合 X 上に好きなように距離関数 d を定め, それが X 上の距離関数の公理を満たすことを示せ.

例題 49 の解答例.　関数 $d : X \times X \to \mathbf{R}$ を $d(a, b) = d(b, a) = d(a, c) = d(c, a) = d(b, c) = d(c, b) = 1,\ d(a, a) = d(b, b) = d(c, c) = 0$ によって定める. 対称性, 正値性は定義から明らかであるし, 三角不等式は, 3 要素 x, y, z がすべて相異なる場合に示せばよいが, それは, $d(a, c) = 1 \leqq 2 = d(a, b) + d(b, c)$ 等からわかる. (ちなみに, この解答例は, 平面上の一辺の長さが 1 の正三角形の 3 頂点をモデルとしている.)　　　　　　　□

演習問題 50　4 つの要素 a, b, c, e からなる集合 X 上に好きなように距離関数 d を定め, それが X 上の距離関数の公理を満たすことを示せ. (☺)

◆ **例 51 (ユークリッド直線, 1 次元ユークリッド空間)**　$X = \mathbf{R}$ について, $d(x, y) = |x - y|$ と定めると, $d : \mathbf{R} \times \mathbf{R} \to \mathbf{R}$ は $\mathbf{R}$ 上の距離関数である. こ

---

[4] 私が尊敬するアーノルド先生 (V.I. Arnol'd) がどこかで,「新しい概念が出てきたら, 必ず自明でない一番簡単な例を与えよ」というようなことを書いていた (I 先生).

2.1 距離関数　　29

の距離（＝"普通の距離"）について，距離空間 $(\mathbf{R}, d)$ を **1 次元ユークリッ
ド空間**，あるいは，**ユークリッド直線**とよぶ（☞ A.3 節）.

◆ **例 52（ユークリッド平面，2 次元ユークリッド空間）** $X = \mathbf{R}^2$ のとき，
$\mathbf{R}^2$ の点 $\boldsymbol{x} = (x_1, x_2), \boldsymbol{y} = (y_1, y_2)$ について，

$$d(\boldsymbol{x}, \boldsymbol{y}) := \sqrt{(x_1 - y_1)^2 + (x_2 - y_2)^2}$$

と定めると，$d : \mathbf{R}^2 \times \mathbf{R}^2 \to \mathbf{R}$ は $\mathbf{R}^2$ 上の距離関数である．距離空間 $(\mathbf{R}^2, d)$
を **2 次元ユークリッド空間**，あるいは，**ユークリッド平面**とよぶ（☞ 1.3 節）.

◆ **例 53** $X = \mathbf{R}^2$ について，別の関数

$$d'(\boldsymbol{x}, \boldsymbol{y}) := \max\{|x_1 - y_1|, |x_2 - y_2|\}$$

$d' : \mathbf{R}^2 \times \mathbf{R}^2 \to \mathbf{R}$ も，（ユークリッド平面距離とは異なる）$\mathbf{R}^2$ 上の距離関数
である．

◆ **例 54** $X = \mathbf{R}^2$ について，また別の関数

$$d''(\boldsymbol{x}, \boldsymbol{y}) := |x_1 - y_1| + |x_2 - y_2|$$

$d'' : \mathbf{R}^2 \times \mathbf{R}^2 \to \mathbf{R}$ も，（ユークリッド平面距離や例 53 とは異なる）$\mathbf{R}^2$ 上の
距離関数である．

演習問題 55 例 53 の d' が $\mathbf{R}^2$ 上の距離関数であることを確かめよ．また，
例 54 の d'' も $\mathbf{R}^2$ 上の距離関数であることを確かめよ． ☺

◆ **例題 56** $\boldsymbol{0} = (0, 0)$ を $\mathbf{R}^2$ の原点とする．$\mathbf{R}^2$ 上の 3 つの距離関数，例 52
の d，例 53 の d'，例 54 の d'' について，原点の 1-近傍

$$B(\boldsymbol{0}, 1) := \{x = (x_1, x_2) \mid d(\boldsymbol{0}, x) < 1\}, \quad B'(\boldsymbol{0}, 1) := \{x = (x_1, x_2) \mid d'(\boldsymbol{0}, x) < 1\},$$

$$B''(\boldsymbol{0}, 1) := \{x = (x_1, x_2) \mid d''(\boldsymbol{0}, x) < 1\}$$

をそれぞれ図示せよ．

例題 56 の解答例.

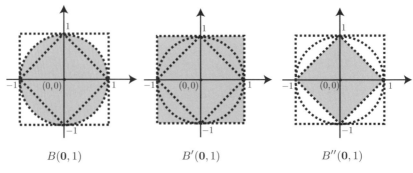

図示 $B(\mathbf{0}, 1)$ と $B'(\mathbf{0}, 1)$ と $B''(\mathbf{0}, 1)$.

ε-近傍の包含関係に注目してほしい.

演習問題 57 例 52 の d, 例 53 の d', 例 54 の d'' について, 3 つの不等式

$$d'(\boldsymbol{x}, \boldsymbol{y}) \leqq d(\boldsymbol{x}, \boldsymbol{y}) \leqq d''(\boldsymbol{x}, \boldsymbol{y}) \leqq 2d'(\boldsymbol{x}, \boldsymbol{y}) \quad (\boldsymbol{x}, \boldsymbol{y} \in \mathbf{R}^2)$$

が成り立つことを示せ. ☺

参考図

2.2 点列の収束, ε-近傍, 開集合　　31

◆ **例 58（m 次元ユークリッド空間）** $X = \mathbf{R}^m$ のとき, $\mathbf{R}^m$ の点 $\boldsymbol{x} = (x_1, x_2, \ldots, x_m)$, $\boldsymbol{y} = (y_1, y_2, \ldots, y_m)$ について,

$$d(\boldsymbol{x}, \boldsymbol{y}) := \sqrt{\sum_{i=1}^{m}(x_i - y_i)^2}$$

と定めると, $d : \mathbf{R}^m \times \mathbf{R}^m \to \mathbf{R}$ は $\mathbf{R}^m$ 上の距離関数である. この距離を**ユークリッド距離**とよぶ. $(\mathbf{R}^m, d)$ を m **次元ユークリッド空間**とよぶ (☞ ユークリッド空間：1.9 節).

　次の定理は, 簡単なことであるが, たとえば, ユークリッド空間の部分集合を距離空間とみなすために非常に有用である.

> $\boxed{\text{定理 59}}$ **（距離の制限は距離である.）** 距離空間 (X, d) の部分集合 $A \subseteq X$ に対し, d を $A \times A$ に制限して得られる関数[5]$d_A = d|_{A \times A} : A \times A \to \mathbf{R}$ は A 上の距離関数になる.

　定理 59 の証明は, 距離関数の条件を確認するだけであるが, 巻末の証明集に書いてある.

演習問題 60　地点 x と y について, x から y への移動に要する最短時間を $d(x, y)$ とおく. 利用できる交通機関は何を用いてもよいとする. 乗り継ぎ時間や休息時間は考慮しない. すると, $d(x, y)$ は距離を定めると考えられる. この距離に関して, 君の住む地点 a から 3 時間未満で移動できる地点の集合 $B(a, 3)$ （a の 3-近傍, ☞ 定義 65）がどうなるか調べてみよ. ☹

2.2　点列の収束, ε-近傍, 開集合

　さて, 一般論に戻って, 距離空間の上では, 点列の収束, ε-近傍, 開集合, 連続関数, などの概念が, ユークリッド空間の場合と同様に定義されることを順に見ていく.

　(X, d) を距離空間とする (☞ 距離関数, 距離空間：2.1 節).

---

[5] 一般に写像 $f : X \to Y$ の $C \subset X$ への制限を $f|_C : C \to Y$ と表す. 今の場合, $d : X \times X \to \mathbf{R}$ で $A \times A \subseteq X \times X$ に d を制限している（U 博士）.

32　　　　　　　　　　　第 2 章　距離空間

定義 61　X 上の点列 $\{x_n\}$ を考える[6]．点列 $\{x_n\}$ が X の点 a に**収束する**とは，X 上の距離 d について，数列 $d(a, x_n)$ が $n \to \infty$ のとき 0 に収束することである．a を点列 $\{x_n\}$ の**極限**とよぶ（☞ 数列の収束：定義 284）．

このとき，

$$\lim_{n \to \infty} x_n = a$$

と書く．$x_n \to a\,(n \to \infty)$ とも記す．

┌─ **キーポイント** ─────────────────────────┐

$$\lim_{n \to \infty} x_n = a \iff \lim_{n \to \infty} d(a, x_n) = 0$$

└──────────────────────────────────────┘

✔ 注意 62　$\lim_{n \to \infty} d(a, x_n) = 0$ という条件は，いわゆる ε-n 論法で書き換えると，

「任意の $\varepsilon > 0$ に対して，番号 N が存在して，$N \leqq n$ ならば $|d(a, x_n) - 0| < \varepsilon$」

となる．さらに，$d(a, x_n) \geqq 0$ は距離の性質から常に成り立っているので，上の条件は，

「任意の $\varepsilon > 0$ に対して，番号 N が存在して，$N \leqq n$ ならば $d(a, x_n) < \varepsilon$」

という条件と同値である．

◆ 例 63　X をユークリッド平面 $\mathbf{R}^2$ とし，X 上の点列 $\{x_n\}$ を $x_n = \left(\frac{n-1}{n+1}, \frac{1}{n}\right)$ で定める．このとき，$\{x_n\}$ は点 $a = (1, 0)$ に収束する．実際，

$$d(a, x_n)^2 = \left(\frac{n-1}{n+1} - 1\right)^2 + \left(\frac{1}{n} - 0\right)^2 = \frac{4}{(n+1)^2} + \frac{1}{n^2} \to 0 \quad (n \to \infty)$$

となり，$d(a, x_n) \to 0\,(n \to \infty)$ となる．

◆ 例題 64（極限の一意性）　$\{x_n\}$ を距離空間 (X, d) 上の点列とする．$\{x_n\}$ が $a \in X$ に収束し，$b \in X$ にも収束するとするとき，$a = b$ となることを示せ．

────────────────

[6] X 上の点列とは，$x_1, x_1, x_3, \ldots$ という（重複を許した）X の点の無限列のことである（U 博士）．

2.2 点列の収束, ε-近傍, 開集合   33

例題 64 の解答例. 仮に $a \neq b$ として矛盾を導く. $a \neq b$ とすると, $d(a,b) > 0$ である. $\varepsilon = \frac{1}{2}d(a,b) > 0$ とおく. この ε に対して, 番号 N を十分大きくとれば, $N \leqq n$ ならば, $d(a,x_n) < \varepsilon$ かつ $d(b,x_n) < \varepsilon$ が成り立つはずである. すると,

$$d(a,b) \leqq d(a,x_n) + d(x_n,b) < \varepsilon + \varepsilon = 2\varepsilon = d(a,b)$$

つまり, $d(a,b) < d(a,b)$ となってしまい矛盾が導かれる. したがって, $a = b$ である. □

さて, 距離空間の位相は ε-近傍を考えることから生まれる. 最初にこのことから説明していこう.

定義 65 (**距離空間の点の ε-近傍**) (X,d) を距離空間とし, $a \in X$ とする. 正の実数 $\varepsilon > 0$ に対して,

$$B(a,\varepsilon) := \{x \in X \mid d(a,x) < \varepsilon\}$$

を点 a を中心とする ε-**近傍**とよぶ. ε-**開近傍**とよぶ場合もある.

なお, ε は任意の正数である. 何か小さい数を意味している, というわけではない. ε-近傍は点 a からの距離がちょうど ε の部分は除いていることに注意する. 記号の B は ball (球) に由来している. ただし, ε-近傍を他の記号で表している本もあるので注意してほしい.

補助的に,

$$\overline{B}(a,\varepsilon) := \{x \in X \mid d(a,x) \leqq \varepsilon\}$$

を考え, 点 a を中心とする ε-**閉近傍**とよぶ (条件式に等号が入っていることに注意する). 閉近傍の場合は, a からの距離がちょうど ε の部分も入れていることに注意する. また, ε-近傍, ε-閉近傍という場合, $\varepsilon > 0$ に限ることを強調する. $\varepsilon \leqq 0$ にとるのは不可である.

◆ **例題 66** $0 < \varepsilon_1 < \varepsilon_2$ のとき,

$$B(a,\varepsilon_1) \subseteq \overline{B}(a,\varepsilon_1) \subseteq B(a,\varepsilon_2)$$

34　　第 2 章　距離空間

が成り立つことを示せ[7]).

例題 66 の解答例. $x \in B(a, \varepsilon_1)$ とする. $d(a, x) < \varepsilon_1$ である. したが
って, $d(a, x) \leqq \varepsilon_1$ である. よって, $x \in \overline{B}(a, \varepsilon_1)$ である. したがって,
$B(a, \varepsilon_1) \subseteq \overline{B}(a, \varepsilon_1)$ が成り立つ. 次に, $x' \in \overline{B}(a, \varepsilon_1)$ とする. $d(a, x') \leqq \varepsilon_1$ で
ある. $\varepsilon_1 < \varepsilon_2$ であるから, $d(a, x') < \varepsilon_2$ である. したがって, $x' \in B(a, \varepsilon_2)$
である. よって, $\overline{B}(a, \varepsilon_1) \subseteq B(a, \varepsilon_2)$ が成り立つ. □

　距離空間では, 距離を用いて ε-近傍を用いて開集合の概念が定義される.
開集合は, 位相の基本となる概念である.
　(X, d) を距離空間とする. U を X の部分集合とする.

定義 67 (**距離空間における開集合**)　U が X の**開集合** （あるいは X の**開
部分集合**）であるとは, 　任意の $a \in U$ に対して, $\delta > 0$ が存在して $B(a, \delta)$
が U に含まれることである.

┌─ **キーポイント** ─────────────────────
│
│　U が距離空間 X の開集合　$\Longleftrightarrow$　$\forall a \in U, \exists \delta > 0, B(a, \delta) \subseteq U$
│
└────────────────────────────────────

✔ **注意 68**
$$B(a, \delta) = \{x \in X \mid d(a, x) < \delta\}$$
は距離 d で定まる点 a を中心とする δ-近傍である. また, 定義 67 の δ は点 a
に依存して選ぶので, $\delta = \delta_a$ と書くことができる. すなわち, 上の定義は, a の
U における位置関係により, δ を十分に小さく選べば, $B(a, \delta) \subseteq U$ とできる,
という意味である.

　まず, 次のことを確認しておこう.

補題 69　(1) X は X の開集合である. (2) 空集合 $\emptyset$ は X の開集合である.

─────────────────
[7]) ユークリッド空間では, より強く, $B(a, \varepsilon_1) \subsetneq \overline{B}(a, \varepsilon_1) \subsetneq B(a, \varepsilon_2)$ が成り立つが, 一般の
　　距離空間では, $B(a, \varepsilon_1) = \overline{B}(a, \varepsilon_1)$ や, $\overline{B}(a, \varepsilon_1) = B(a, \varepsilon_2)$ となる場合もある. たとえば
　　1 点だけからなる空間 $X = \{a\}$ （☞ 例 47）の場合などはそうである （U 博士）.

2.2 点列の収束, ε-近傍, 開集合　　　35

補題 69 は, 開集合の定義（定義 67）を論理的に（冷静に）あてはめるだけであるが, 証明が巻末の証明集に書いてある.

演習問題 70　開区間 (a, b) は 1 次元ユークリッド空間 **R** の開集合であることを示せ（☞ 区間：定義 282）. ☺

定理 71　(X, d) を距離空間とする. $x \in X$, $r > 0$ のとき, x を中心とした r-近傍

$$B(x, r) = \{y \in X \mid d(x, y) < r\}$$

は X の開集合である.

　定義 67 をあてはめて示すことができる[8]. 定理 71 の証明は巻末の証明集にある.

定義 72（距離空間の点の近傍, 開近傍）　X を距離空間とし, $a \in X$ とする. X の部分集合 N が点 a の**近傍**であるとは, $\delta > 0$ が存在して, $B(a, \delta) \subseteq N$ となるときにいう. また, X の開集合で a を含むものを a の**開近傍**とよぶ. 開近傍は近傍である.

　上の定義から, a の近傍 N とは, a に十分近い点は含むような集合である, ということができる.

◆ **例 73**　$\varepsilon > 0$ に対し, a の ε-近傍 $B(a, \varepsilon)$ は a の開近傍である. 実際, 定理 71 により, $B(a, \varepsilon)$ は X の開集合であり, $a \in B(a, \varepsilon)$ である. さらに, 任意の $b \in B(a, \varepsilon)$ に対し, $B(a, \varepsilon)$ は b の開近傍である.

●コラム●

U 博士：先生, 収束というのはわかりづらいのですが. どう説明したらわかりやすいでしょうか？

I 先生：収束は, 事件が終息する, っていう感じだな.

---

[8] ただし, ここでは, 任意の x をとって固定し, r も固定し, 与えられた領域 $B(x, r)$ の中の任意の点 y をとって定義を確かめることに注意する. x が止まって, y が動いている. それに応じて δ が動くイメージである（I 先生）.

U博士：そんなことでいいんですか？　そこは $\varepsilon\text{-}n$ 論法で説明するんじゃないですか？

I先生：...

とぼ次郎：ワン，ウー，ワン，ウー．

2.3　部分集合の内点・外点・境界点

A を距離空間 X の部分集合とする．このとき，$X = \mathbf{R}^2$ の場合と同様に，一般の距離空間 X の場合でも，A を基準として，X の点が3種類にはっきり分けられる．A の内点，A の外点，A の境界点の3種類である．

定義 74（距離空間の部分集合の**内点**，**外点**，**境界点**）　点 $x \in X$ が A の**内点**とは，ある $\delta > 0$ が存在して $B(x, \delta) \subseteq A$ のときにいう．

点 $x \in X$ が A の**外点**とは，ある $\delta > 0$ が存在して $B(x, \delta) \cap A = \emptyset$ のときにいう．すなわち，$X \setminus A$ の内点のときである．

点 $x \in X$ が A の**境界点**とは，A の内点でも外点でもないときにいう．すなわち，任意の $\varepsilon > 0$ に対し，$B(x, \varepsilon) \not\subseteq A$ かつ $B(x, \varepsilon) \cap A \neq \emptyset$ のときにいう．

定義 74 のような場合分けに関連して，3つの用語，内点，外点，境界点，以外に次のような用語も有用である．

定義 75（**集積点**，**孤立点**）　点 $x \in X$ が A の**集積点**とは，点 x が A から x を取り除いた $A \setminus \{x\}$ の境界点のとき，すなわち，任意の $\varepsilon > 0$ について，$B(x, \varepsilon) \cap (A \setminus \{x\}) \neq \emptyset$ となるときにいう．

点 $x \in X$ が A の**孤立点**とは，$\delta > 0$ が存在して，$B(x, \delta) \cap A = \{x\}$ となることである．

◆ **例題 76**　X を距離空間，$A \subseteq X$，$x \in X$ とする．このとき，次の2条件が同値であることを示せ．

(1) x は A の内点または境界点である．

(2) x は A の集積点または孤立点である．

（これらの条件が成り立つとき，x は A の**触点**であるという．）

2.3 部分集合の内点・外点・境界点　　37

例題 76 の解答例. (1) $\Longrightarrow$ (2)：(1) を仮定する．すなわち，x が A の内点または境界点とする．任意の $\varepsilon > 0$ に対し，$B(x, \varepsilon) \cap A \neq \emptyset$ である．もし，任意の $\varepsilon > 0$ に対し $B(x, \varepsilon) \cap (A \setminus \{x\}) \neq \emptyset$ であれば，x は A の集積点である．また，ある $\delta > 0$ について，$B(x, \delta) \cap (A \setminus \{x\}) = \emptyset$ とすると，$B(x, \delta) \cap A \neq \emptyset$ であったから，この $\delta > 0$ について，$B(x, \delta) \cap A = \{x\}$ が成り立つ．したがって，(1) を仮定すると，x は A の集積点または孤立点となり，(2) が従う．

(2) $\Longrightarrow$ (1)：対偶「(1) でない」ならば「(2) でない」を示す．「(1) でない」ということは，x が A の外点であるということである．このとき，ある $\delta > 0$ について，$B(x, \delta) \cap A = \emptyset$ となる．このとき $B(x, \delta) \cap (A \setminus \{x\}) = \emptyset$ となるので，x は A の集積点でない．また，$x \notin A$ だから x は A の孤立点でもない．つまり条件 (2) が成り立たない．したがって，「(1) でない」ならば「(2) でない」が成り立つ．よって (2) $\Longrightarrow$ (1) が成り立つ． $\qquad\square$

✔ **注意 77**　空集合には内点もないし，境界点もない．（空集合は要素がまったくない集合である．）

引き続き X を距離空間とし，A を X の部分集合とする．

定義 78（**距離空間の部分集合の内部，外部，境界**）　A のすべての内点の集合を A の**内部**とよび，$\mathrm{Int}(A)$ と記す[9]：

$$\mathrm{Int}(A) := \{x \in X \mid x \text{ は } A \text{ の内点}\}.$$

A のすべての外点の集合を A の**外部**とよび，$\mathrm{Ext}(A)$ と記す[10]：

$$\mathrm{Ext}(A) := \{x \in X \mid x \text{ は } A \text{ の外点}\}.$$

A のすべての境界点の集合を A の**境界**とよび，$\partial(A)$ と記す[11]：

$$\partial(A) := \{x \in X \mid x \text{ は } A \text{ の境界点}\}.$$

---

[9]　A の内部 $\mathrm{Int}(A)$ は A° や A^i などと表されるときがある．

[10]　A の外部 $\mathrm{Ext}(A)$ は A^e と表されるときもある．ちなみに，A の外部は，補集合 $A^c = X \setminus A$ の内部なので，$(A^c)^\circ$ とも表される．

[11]　A の境界 $\partial(A)$ は，∂A や $\mathrm{Bdr}(A)$ や A^b などと表されるときがある（U 博士）．

38 第 2 章 距離空間

◆ **例題 79** 距離空間 X の部分集合 A について，次を示せ．

(1) $\mathrm{Int}(A) \subseteq A$.

(2) $\mathrm{Int}(A)$ は X の開集合である．

(3) U が X の開集合で，$U \subseteq A$ ならば $U \subseteq \mathrm{Int}(A)$.

すなわち，A の内部とは，A に含まれるような開集合のうちで最大のものである．この性質は，一般の位相空間でも成り立つ（☞ 例題 124）．

例題 79 の解答例.

(1) $x \in \mathrm{Int}(A)$ とする．つまり x を A の内点とする．このとき，$\delta > 0$ があって，$B(x,\delta) \subseteq A$ となる．特に $x \in B(x,\delta)$ であるから，$x \in A$ となる．よって $\mathrm{Int}(A) \subseteq A$ が成り立つ．

(2) $x \in \mathrm{Int}(A)$ とする．x は A の内点であるから，$\delta > 0$ があって，$B(x,\delta) \subseteq A$ となる．このとき，$B(x,\delta) \subseteq \mathrm{Int}(A)$ が成り立つ．

実際，$B(x,\delta)$ は X の開集合であるから（☞ 定理 71），任意の $y \in B(x,\delta)$ に対して，$\delta' > 0$ が存在して，$B(y,\delta') \subseteq B(x,\delta)$ となる．このとき，$B(y,\delta') \subseteq A$ であるから，y は A の内点となり，$B(x,\delta) \subseteq \mathrm{Int}(A)$ が成り立つ．

よって，$\mathrm{Int}(A)$ は X の開集合である．

(3) $x \in U$ とする．U は X の開集合であるから，$\delta > 0$ があって，$B(x,\delta) \subseteq U$ となる．$U \subseteq A$ だから，$B(x,\delta) \subseteq A$ となる．よって，x は A の内点である．したがって，$x \in \mathrm{Int}(A)$ となる．$x \in U$ は任意だったから，$U \subseteq \mathrm{Int}(A)$ が成り立つ． □

2.4 開集合系がもつ基本的性質

開集合系がもつ次の性質は位相の公理を考えるもとになる：

$\boxed{\text{定理 80}}$ X を距離空間とする．このとき次の 3 つの性質（開集合系の公理）のすべてが成り立つ．

(1) X は X の開集合．空集合 $\emptyset$ は X の開集合．

(2) $U_1, U_2, \ldots, U_r$ が X の開集合の（有限個の）族ならば，共通部分 $U_1 \cap U_2 \cap \cdots \cap U_r$ は X の開集合．

(3) U_λ $(\lambda \in \Lambda)$ が X の開集合の（無限個でもよい）族ならば，和集合 $\bigcup_{\lambda \in \Lambda} U_\lambda$ は X の開集合.

ただし，$\bigcup_{\lambda \in \Lambda} U_\lambda = \{x \in X \mid$ ある $\lambda \in \Lambda$ があって $x \in U_\lambda\}$ である[12]（☞ 空集合：B.2 節，☞ 距離空間の開集合：定義 67，☞ 部分集合の共通部分・和集合：B.2 節）.

キーポイント

有限個の開集合の共通部分は開集合だが，

無限個の開集合の共通部分は開集合とは限らない.

定義 81（**距離空間の開集合系**） (X, d) を距離空間とする．X のすべての開集合からなる X の部分集合の集合を $\mathcal{O}_{X,d}$ と書き，(X, d) の**開集合系**とよぶ．$\mathcal{O}_{X,d}$ は誤解のない範囲で，単純に $\mathcal{O}_X$ や，$\mathcal{O}$ などと表す[13]．定理 80 の条件 (1), (2), (3) を**開集合系の公理**あるいは**開集合系の性質**とよぶ.

定理 80 の証明. (1) は補題 69 から従う.

(2) $U_1, U_2, \ldots, U_r$ を X の開集合とする．任意に $x \in U_1 \cap U_2 \cap \cdots \cap U_r$ をとる．各 U_i $(i = 1, 2, \ldots, r)$ は開集合だから，$\delta_i > 0$ が存在して，$B(x, \delta_i) \subseteq U_i$ となる．$\delta = \min\{\delta_1, \delta_2, \ldots, \delta_r\}$ とおくと，$\delta > 0$ であり，$B(x, \delta) \subseteq B(x, \delta_i) \subseteq U_i$ が $i = 1, 2, \ldots, r$ に対して成り立つ．よって，$B(x, \delta) \subseteq U_1 \cap U_2 \cap \cdots \cap U_r$ となる．したがって，$U_1 \cap U_2 \cap \cdots \cap U_r$ は X の開集合である.

(3) U_λ $(\lambda \in \Lambda)$ が X の開集合とする．任意に $x \in \bigcup_{\lambda \in \Lambda} U_\lambda$ をとる．ある $\lambda \in \Lambda$ があって，$x \in U_\lambda$ である．U_λ は開集合だから，$\delta > 0$ が存在して，$B(x, \delta) \subseteq U_\lambda$ となる．したがって，$B(x, \delta) \subseteq \bigcup_{\lambda \in \Lambda} U_\lambda$ となる．よって，$\bigcup_{\lambda \in \Lambda} U_\lambda$ は X の開集合である． $\square$

---

[12] U_λ の添字 λ は背番号のような単なる「しるし」であり，上の場合，λ はある添字集合 Λ の中を動き，たくさんの開集合を互いに区別するために用いられているだけである．単なるしるしなので，記号は λ でも μ でも ν でもなんでもよい．普通の数字を用いないのは，可算とは限らないからである（I 先生）.

[13] 位相の本によっては別の記号を使うこともある．記号なので要するにわかればよいのである（I 先生）.

◆ **例 82** $X = \mathbf{R}^2$ とし，$n = 1, 2, 3, \ldots$ に対して，$U_n := \{(x_1, x_2) \in \mathbf{R}^2 \mid x_1^2 + x_2^2 < 1 + \frac{1}{n}\}$ とおくと，U_n は $\mathbf{R}^2$ の開集合である．しかし，無限個の共通部分 $\bigcap_{n=1}^{\infty} U_n$ は $D = \{(x_1, x_2) \mid x_1^2 + x_2^2 \leqq 1\}$ に等しくなり，$\mathbf{R}^2$ の開集合ではない．

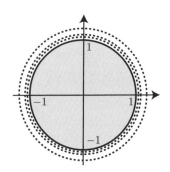

参考図 無限個の開円板の共通部分が閉円板になっている．

2.5 部分集合の閉包と閉集合

X を距離空間とし，$A \subseteq X$ とする．

定義 83（距離空間の部分集合の閉包）

$$\overline{A} := \{x \in X \mid x \text{ は } A \text{ の内点または境界点}\}$$

を A の**閉包**とよぶ[14]．

A の点 a は A の内点であるか境界点なので，$A \subseteq \overline{A}$ が成り立つ．

◆ **例 84** $A = \{(x_1, x_2) \in \mathbf{R}^2 \mid x_1^2 + x_2^2 < 1\}$ について，$\overline{A} = \{(x_1, x_2) \in \mathbf{R}^2 \mid x_1^2 + x_2^2 \leqq 1\}$ である．

次の定理は距離空間の閉集合の条件を与えている．

---

[14] A の閉包 $\overline{A}$ を A^a とも書く（☞ 内点・外点・境界点：定義 74）．ちなみに，a は adherence の頭文字である（U 博士）．

2.5 部分集合の閉包と閉集合　　41

定理 85　X を距離空間，$F \subseteq X$ とする．次の 2 条件は互いに必要十分条件である．

(1) $\overline{F} = F$.

(2) 補集合 $F^c = X \setminus F$ が X の開集合.

定義 86 (距離空間の閉集合)　F が定理 85 の条件を満たすとき，F を X の**閉集合**と呼ぶ.

┌─ キーポイント ─────────────────────

　　　　F が X の閉集合　$\Longleftrightarrow$　閉包 $\overline{F} = F$

　　　　　　　　　　　　　$\Longleftrightarrow$　補集合 $X \setminus F$ が X の開集合

└────────────────────────────────

定理 85 の証明.　条件 (1) $\Longleftrightarrow$ F の内点と境界点は F に属する $\Longleftrightarrow$ F に属さない点は F の外点 $\Longleftrightarrow$ $X \setminus F$ のすべての点は $X \setminus F$ の内点 $\Longleftrightarrow$ 条件 (2). □

演習問題 87　上の定理 85 の証明を，もっとていねいに述べてみよ. ☺

◆ **例題 88**　X を距離空間，A を X の部分集合とする．このとき，次を示せ.

(1) $\overline{A}$ は X の閉集合である.

(2) $\overline{A}$ は A を含む X の最小の閉集合である.

例題 88 の解答例.　(1) $(\overline{A})^c = X \setminus \overline{A}$ は A の外点からなる．任意に $x \in (\overline{A})^c$ をとる．x は A の外点である．したがって，$\delta > 0$ が存在して，$B(x, \delta) \cap A = \emptyset$ となる．$B(x, \delta)$ は開集合であるから，任意の $y \in B(x, \delta)$ は A の外点となる．よって，$B(x, \delta) \cap \overline{A} = \emptyset$ となる．したがって $B(x, \delta) \subseteq (\overline{A})^c$ である．よって，$(\overline{A})^c$ は X の開集合となる．つまり $\overline{A}$ は X の閉集合である.

(2) F を X の閉集合で，$A \subseteq F$ とする．このとき，$\overline{A} \subseteq F$ を示す．$A \subseteq F$ だから $F^c \cap A = \emptyset$ である．F が X の閉集合であるから，F^c は X の開集合である．したがって，F^c の任意の点は A の外点である．よって，$F^c \cap \overline{A} = \emptyset$ である．したがって，$\overline{A} \subseteq F$ である．したがって，$\overline{A}$ は A を含む X の最小の閉集合である. □

42   第 2 章　距離空間

◆ **例題 89**　(X, d) を距離空間とする．$a \in X, r > 0$ に対して，

$$\overline{B}(a, r) := \{x \in X \mid d(a, x) \leqq r\}$$

とおく（☞ ε-閉近傍：定義 65）．このとき，次の問いに答えよ．

(1) $\overline{B}(a, r)$ は X の閉集合であることを示せ．

(2) $\overline{B}(a, r)$ は $B(a, r)$ の閉包を含むこと，すなわち，$\overline{B(a, r)} \subseteq \overline{B}(a, r)$ を示せ．

例題 89 の解答例.

(1) 任意に $x \notin \overline{B}(a, r)$ をとる．$d(a, x) > r$ である．$\delta = d(a, x) - r$ とおくと $\delta > 0$ である．すると $B(x, \delta) \cap \overline{B}(a, r) = \emptyset$ となる．実際，任意に $y \in B(x, \delta)$ をとると，$d(x, y) < \delta$ であり，3 角不等式 $d(a, x) \leqq d(a, y) + d(y, x)$ から，

$$d(a, y) \geqq d(a, x) - d(y, x) > d(a, x) - \delta = r$$

となり，$r < d(a, y)$ すなわち $y \notin \overline{B}(a, r)$ となる．したがって，x は $\overline{B}(a, r)$ の外点となり，$\overline{B}(a, r)$ のすべての境界点が $\overline{B}(a, r)$ に属することがわかる．したがって，$\overline{B}(a, r)$ は X の閉集合である．

(2) $\overline{B(a, r)} \subseteq \overline{B}(a, r)$ が成り立たないと仮定して矛盾を導く．仮定から，$\overline{B(a, r)}$ の点 x で，$\overline{B}(a, r)$ に属さないものが存在する．x は $\overline{B}(a, r)$ に属さないから，$d(a, x) > r$ である．一方，$x \in \overline{B(a, r)}$ だから，x は $B(a, r)$ の内点か，または境界点である．x が $B(a, r)$ の内点とすると，$x \in B(a, r)$ だから $d(a, x) < r$ となり矛盾が導かれる．x が $B(a, r)$ の境界点とすると，任意の $\varepsilon > 0$ に対して，$B(a, r) \cap B(x, \varepsilon) \neq \emptyset$ となるはずである．ところが，特に，$\varepsilon = d(a, x) - r > 0$ とおいて，$x' \in B(a, r) \cap B(x, \varepsilon)$ をとると，

$$d(a, x) \leqq d(a, x') + d(x', x) < r + \varepsilon = r + (d(a, x) - r) = d(a, x)$$

つまり，$d(a, x) < d(a, x)$ となってしまい，やはり矛盾が導かれる．

以上により，$\overline{B(a, r)} \subseteq \overline{B}(a, r)$ が成り立つ．　　　　　　　　□

演習問題 90　ユークリッド空間 $\mathbf{R}^m$ では，任意の $a \in \mathbf{R}^m$，任意の $r > 0$ に対して，等号 $\overline{B(a, r)} = \overline{B}(a, r)$ が成り立つことを示せ．☺

2.5 部分集合の閉包と閉集合　　43

✔ **注意 91**　一般の距離空間では，$B(a, r)$ の閉包と a から距離 r 以下の範囲と
に等号 $\overline{B(a, r)} = \overline{B}(a, r)$ が成り立つとは限らない.

たとえば，2 点からなる集合 $X = \{a, b\}$ に $d(a, b) = 1$ となるように距離 d を
定めると，$\delta = 1$ に対して，$B(a, 1) = \{a\}$ であり，b は $B(a, 1)$ の外点となる
（実際，$B(b, 1/2) \cap B(a, 1) = \emptyset$）から，$\overline{B(a, 1)} = \{a\}$ であるが，$\overline{B}(a, 1) = \{a, b\}$
であるから，$\overline{B(a, 1)} \neq \overline{B}(a, 1)$ である.

定義 86 において，距離空間の閉集合の定義を与えた．閉集合系の満たす
性質を確かめておこう.

$\boxed{\text{定理 92}}$　X を距離空間とする．このとき次が成り立つ.

(1) 空集合 $\emptyset$ は X の閉集合．X は X の閉集合.

(2) $F_1, F_2, \ldots, F_r$ が X の閉集合の（有限個の）族ならば，和集合 $F_1 \cup F_2 \cup$
$\cdots \cup F_r$ は X の閉集合.

(3) F_λ $(\lambda \in \Lambda)$ が X の閉集合の（無限個でもよい）族ならば，共通部分
$\bigcap_{\lambda \in \Lambda} F_\lambda$ は X の閉集合.

ただし，$\bigcap_{\lambda \in \Lambda} F_\lambda = \{x \in X \mid$ すべての $\lambda \in \Lambda$ について $x \in F_\lambda\}$ である.

```
┌─ キーポイント ──────────────────────

      有限個の閉集合の和集合は閉集合だが，

      無限個の閉集合の和集合は閉集合とは限らない.

```

◆ **例 93**　$X = \mathbf{R}^2$ とし，$n = 1, 2, 3, \ldots$ に対して，$F_n := \{(x_1, x_2) \in \mathbf{R}^2 \mid$
$x_1^2 + x_2^2 \leqq 1 - \frac{1}{n}\}$ とおくと，F_n は $\mathbf{R}^2$ の閉集合である．しかし，無限個の和
集合 $\bigcup_{n=1}^{\infty} F_n$ は $U = \{(x_1, x_2) \mid x_1^2 + x_2^2 < 1\}$ に等しくなり，$\mathbf{R}^2$ の閉集合で
はない.

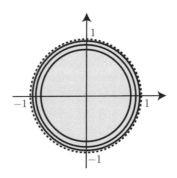

参考図 無限個の閉円板の和集合が開円板になっている．

定理 92 の証明は巻末証明集にある．

2.6 距離空間上の連続関数，距離空間の間の連続写像

定義 94 (距離空間上の関数の連続性) (X, d) を距離空間とする．$a \in X$ とする．実数値関数 $f: X \to \mathbf{R}$ が点 a で**連続**とは，a に収束する X 上の任意の点列 $\{x_n\}$ に対し，数列（$\mathbf{R}$ 上の点列）$\{f(x_n)\}$ が $f(a)$ に収束することである．

記号で書けば，f が a で連続とは，

$$\lim_{n \to \infty} x_n = a \text{ ならば } \lim_{n \to \infty} f(x_n) = f(a)$$

が成り立つことである（☞ 点列の収束：定義 61, ☞ 数列の収束：定義 284）．

定理 95 $f: X \to \mathbf{R}$ を実数値関数，$a \in X$ とする．このとき，次の 3 条件は互いに必要十分条件である．

(1) f が a で連続である．

(2) 任意の $\varepsilon > 0$ に対して，$\delta > 0$ が存在して，$x \in X$, $d(x, a) < \delta$ ならば $|f(x) - f(a)| < \varepsilon$ が成り立つ．

(3) 任意の $\varepsilon > 0$ に対し，X における a の近傍 N が存在して，任意の $x \in N$ に対して，$|f(x) - f(a)| < \varepsilon$ が成り立つ（☞ 近傍：定義 72）．

定理 95 の証明は巻末証明集にある．

2.6 距離空間上の連続関数，距離空間の間の連続写像   45

✔ **注意 96**　定理 95 の条件 (3) は，また次とも同値である：

(3′) 任意の $\varepsilon > 0$ に対し，X における a の開近傍 U が存在して，任意の $x \in U$ に対して，$|f(x) - f(a)| < \varepsilon$ が成り立つ.

演習問題 97　定理 95 の条件 (3) と注意 96 の条件 (3′) が同値であることを示せ. ☺

定義 98（距離空間上の連続関数）　距離空間 (X, d) 上の関数 $f : X \to \mathbf{R}$ が**連続関数**であるとは，すべての点 $a \in X$ で f が連続なことをいう．つまり，任意の $a \in X$ と，a に収束する X 上の任意の点列 $\{x_n\}$ に対し，数列 $\{f(x_n)\}$ が $f(a)$ に収束するときにいう（☞ 定義 27）.

距離空間 (X, d) 上の点列 $\{x_n\}$ が a に収束するとは，実数の列 $\{d(a, x_n)\}$ が 0 に収束するというのが定義である（☞ 収束：定義 61 と注意 62）.

写像 f が a で連続である条件は

$$\lim_{n \to \infty} x_n = a \ \text{ならば} \ \lim_{n \to \infty} f(x_n) = f(a)$$

となる.

また，f が（X 上の）連続関数である条件は，

$$\text{任意の } a \in X \text{ に対し，} \lceil \lim_{n \to \infty} x_n = a \ \text{ならば} \ \lim_{n \to \infty} f(x_n) = f(a) \rfloor$$

と表すことができる.

したがって，次の定理を得る.

定理 99　(X, d) を距離空間とする．関数 $f : X \to \mathbf{R}$ について，次の 3 条件は同値である：

(i) $f : X \to \mathbf{R}$ が連続関数である（☞ 連続関数：定義 98）.

(ii) 任意の $a \in X$ と，任意の $\varepsilon > 0$ に対して，$\delta > 0$ が存在して，任意の $x \in X$ に対して，$d(x, a) < \delta$ ならば $|f(x) - f(a)| < \varepsilon$ が成り立つ.

(iii) 任意の $a \in X$ と，任意の $\varepsilon > 0$ に対して，X における a の近傍 N が存在して，任意の $x \in N$ に対して，$|f(x) - f(a)| < \varepsilon$ が成り立つ.

演習問題 100　定理 99 を証明せよ. ☺

46   第 2 章　距離空間

　上で距離空間からユークリッド直線 **R** への写像（関数）の連続性を説明
した．次に，2 つの（一般には異なる）距離空間の間の写像について，その
連続性を定義して考察する．

定義 101（**距離空間から距離空間への写像の連続性**）　$(X, d_X), (Y, d_Y)$ を距
離空間，$f : X \to Y$ を写像，$a \in X$ とする．f が点 a で**連続**とは，a に収束
する X 上の任意の点列 $\{x_n\}$ に対し，Y 上の点列 $\{f(x_n)\}$ が $f(a)$ に収束す
るときにいう．言い換えると，

$$\lim_{n \to \infty} d_X(a, x_n) = 0 \quad \text{ならば} \quad \lim_{n \to \infty} d_Y(f(a), f(x_n)) = 0$$

が成り立つときである．

　次は，距離空間から距離空間への写像の与えられた点での連続性の条件を
与える定理である．定理 102 の証明は巻末の証明集にある．

定理 102　$(X, d_X), (Y, d_Y)$ を距離空間，$f : X \to Y$ を写像，$a \in X$ とする．
このとき，次の 5 条件は互いに必要十分条件である．

　(1) f が a で連続．（つまり，a に収束する X 上の任意の点列 $\{x_n\}$ に対
し，Y 上の点列 $\{f(x_n)\}$ が $f(a)$ に収束する．）

　(2) 任意の $\varepsilon > 0$ に対して，$\delta > 0$ が存在して，$x \in X$ について，$d_X(a, x) < \delta$
ならば $d_Y(f(a), f(x)) < \varepsilon$ が成り立つ．

　(2′) 任意の $\varepsilon > 0$ に対して，$\delta > 0$ が存在して，$f(B(a, \delta)) \subseteq B(f(a), \varepsilon)$ が
成り立つ．

　(3) Y における $f(a)$ の任意の近傍 M に対し，X における a の近傍 N が
存在して，$f(N) \subseteq M$ が成り立つ．

　(3′) Y における $f(a)$ の任意の開近傍 U に対し，X における a の開近傍
V が存在して，$f(V) \subseteq U$ が成り立つ．

演習問題 103　定理 102 の条件 (3) と (3′) が同値であることを直接証明せ
よ．（定理 102 の証明では，間接的に示している．）☺

定義 104（**距離空間の間の連続写像**）　距離空間の間の写像 $f : X \to Y$ が**連
続写像**であるとは，すべての点 $a \in X$ で f が連続であることをいう．つま

2.6 距離空間上の連続関数, 距離空間の間の連続写像 **47**

り, 任意の点 $a \in X$ と, a に収束する X 上の任意の点列 $\{x_n\}$ に対し, Y の点列 $\{f(x_n)\}$ が $f(a)$ に収束するときにいう (☞ 点で連続：定義 101).

写像 f が a で連続である条件は

$$\lim_{n \to \infty} x_n = a \ \ \text{ならば} \ \ \lim_{n \to \infty} f(x_n) = f(a)$$

となる.

また, f が (X 上の) 連続写像である条件は,

$$\text{任意の } a \in X \text{ に対し, 「} \lim_{n \to \infty} x_n = a \ \ \text{ならば} \ \ \lim_{n \to \infty} f(x_n) = f(a) \text{」}$$

と表すことができる.

これは確認だが, 大事なことは繰り返せ, という格言に従っているだけだが, 距離空間 (X, d_X) 上の点列 $\{x_n\}$ が a に収束するとは, 距離関数 d_X から定まる非負実数列 $\{d_X(a, x_n)\}$ が 0 に収束するというのが定義である. 一般に, 実数列 $\{a_n\}$ が 0 に収束するというのは, n をどんどん増加させたとき, a_n の大きさ (絶対値) が限りなく小さくなる, という意味である. すなわち, 論理的に述べると, 「任意の $\varepsilon > 0$ に対し, 番号 n_0 があって, $n_0 \leqq n$ ならば, $|a_n| < \varepsilon$ となる」という意味である. したがって, 点列 $\{x_n\}$ が a に収束するということは「任意の $\varepsilon > 0$ に対し, 番号 n_0 があって, $n_0 \leqq n$ ならば, $d_X(a, x_n) < \varepsilon$ となる」ということであり, (Y, d_Y) の点列 $\{f(x_n)\}$ が $f(a)$ に収束するということは「任意の $\varepsilon > 0$ に対し, 番号 n_0 があって, $n_0 \leqq n$ ならば, $d_Y(f(a), f(x_n)) < \varepsilon$ となる」という意味である.

定理 102 によって, 次の定理を得る：

定理 105 $(X, d_X), (Y, d_Y)$ を距離空間, $f : X \to Y$ を写像とする. 次の5つの条件は互いに必要十分条件である.

(i) f は連続写像 (☞ 連続写像：定義 104).

(ii) 任意の $a \in X$ と, 任意の $\varepsilon > 0$ に対して, $\delta > 0$ が存在して, 任意の $x \in X$ に対して, $d_X(x, a) < \delta$ ならば $d_Y(f(x), f(a)) < \varepsilon$ が成り立つ.

(ii′) 任意の $a \in X$ と, 任意の $\varepsilon > 0$ に対して, $\delta > 0$ が存在して, $f(B(a, \delta)) \subseteq B(f(a), \varepsilon)$ が成り立つ.

48　　　　　　　　　第 2 章　距離空間

(iii) 任意の $a \in X$ と，Y における $f(a)$ の任意の近傍 M に対し，X にお
ける a の近傍 N が存在して，$f(N) \subseteq M$ が成り立つ．

(iii′) 任意の $a \in X$ と，Y における $f(a)$ の任意の開近傍 U に対し，X に
おける a の開近傍 V が存在して，$f(V) \subseteq U$ が成り立つ．

定理 105 の証明は省略する（定理 102 を用いて容易に証明できる）．

次の定理は，逆像[15]を用いた連続性の条件を与えている．定理 106 の証明
は巻末の証明集にある．

定理 106　　$(X, d_X), (Y, d_Y)$ を距離空間，$f : X \to Y$ を写像とする．次の 3
条件は互いに必要十分条件である．

(i) f は連続写像（☞ 連続写像：定義 104）．

(iv) Y の任意の開集合 U に対して，逆像 $f^{-1}(U)$ は X の開集合．

(iv′) Y の任意の閉集合 F に対して，逆像 $f^{-1}(F)$ は X の閉集合．

✔ 注意 107　　連続写像を特徴付ける条件として，(ii) や (ii′) は距離を用いてい
るが，(iii), (iii′), (iv), (iv′) は，距離をあからさまには使わないで述べられてい
る．これが，一般の位相空間において連続写像を調べるヒントとなる．

◆ 例題 108　　(X, d_X) と (Y, d_Y) を距離空間とする．写像 $f : X \to Y$ がリプ
シッツ連続とは，ある正の実数 $L > 0$ が存在して，任意の $x, x' \in X$ に対
して，

$$d_Y(f(x), f(x')) \leqq L d_X(x, x')$$

が成り立つときにいう．$f : X \to Y$ がリプシッツ連続ならば連続であること
を示せ．

例題 108 の解答例．任意の点 $a \in X$ をとる．a に収束する X 上の点列
$\{x_n\}$ をとる．このとき，Y 上の点列 $\{f(x_n)\}$ が $f(a)$ に収束することを
示せばよい．いま，f がリプシッツ連続だから，（n によらない）$L > 0$
が存在して，$d_Y(f(a), f(x_n)) \leqq L d_X(a, x_n)$ が成り立つ．任意の $\varepsilon > 0$ を

―――――――――――――

[15] 写像 $f : X \to Y$ と Y の部分集合 U について，f で写したら U の範囲に入るような X
の点集合のことを $f^{-1}(U)$ と書いて，U の f による逆像という（☞ B.3 節）(U 博士)．

とる．数列 $\{d_X(a,x_n)\}$ は 0 に収束するから，$\varepsilon/L > 0$ に対して，番号 n_0 が存在して，$n_0 \leqq n$ ならば，$d_X(a,x_n) < \varepsilon/L$ となる．したがって，$d_Y(f(a),f(x_n)) \leqq L d_X(a,x_n) \leqq L(\varepsilon/L) = \varepsilon$ が成り立つ．したがって，$\{f(x_n)\}$ が $f(a)$ に収束する． □

定義 109 (等長写像) (X,d_X) と (Y,d_Y) を距離空間とする．

写像 $f : X \to Y$ が**等長写像**であるとは，任意の $x,x' \in X$ に対して

$$d_Y(f(x),f(x')) = d_X(x,x')$$

が成り立つときにいう．

距離空間 X,Y が**等長的**とは，X から Y への等長写像 $f : X \to Y$ が存在するときにいう．

演習問題 110 (X,d_X) と (Y,d_Y) を距離空間とする．$f : X \to Y$ が等長写像のとき，f は単射で連続であることを示せ．☺

●**余談**● 距離と位相.

距離空間の講義が終わりました.

I 先生：みなさん，距離空間の説明をしてきました．近い，遠い，が距離です．距離は，遠近を数値で明確に表すことができます．それに比べると，近づく，近づかない，収束，極限，などに関わるのが位相です．位相については，これから本格的に説明していきます．ある意味，距離は静的で，位相は動的な傾向をもつ概念といえます．私たちは，地図を用いますが，その距離は，実際の距離とは異なります．ですから，距離空間としては実際と地図は異なります．でも，ある地点に，地図上で近づいていけば，実際にも近づいている．実際に近づいていけば，地図上でも近づく...

研究室に質問に来た O さんと S 君.

S 君：位相の授業ですが，距離が分かれば位相が決まるから，距離が分かれば十分なんですよね.

I 先生：距離が分かれば位相が決まる，というのはその通りだね．でも距離を忘れると位相が見えてくる，というのも本当かな.

O さん：よくわかりません.

I 先生：たとえると，位相は手相のようなものだよ.

S 君：えっ？　あの，手のひらを見て運勢を当てる，あの手相ですか？手相は僕が詳しいですよ.

I 先生：ほう．君は手相を見るのかい... 手を見たら，その人のことがわかるだろう．その人の本質がわかるだろう．その人の運勢がわかるだろう．身長や体重やそんな数値がわからなくても，わかることはあるだろう？

S 君：でも当たらないときもありますよ.

O さん：S 君のは特に当たらないです.

S 君：そんなことないけどね...

I 先生：じゃあ，位相はよく当たる手相みたいなものだね... 位相とかけまして，手相で見る運と解く.

一同：そのココロは.

I 先生：開いているのか気になります．位相は開集合で決まるからね.

U 博士：ちょっと苦しいですね.

I 先生：そうかな... 位相のこころはたなごころ．押せば頭のフタが開く．手のひらのシワを合わせて，幸せに.

とぽ次郎：ウォ〜ン.

第3章

位相空間

抽象的な位相空間について解説する．まず，大上段に構えて，メーンの開集合系の公理の説明をする．小手先のテクニックなどは述べずに堂々と論理を展開しよう．

3.1 開集合系の公理

第 1 章では，ユークリッド空間における開集合とは何かをユークリッド距離を用いて定義した．第 2 章では，ユークリッド距離，ユークリッド空間を抽象化して一般化した「距離」「距離空間」を考え，その一般的な距離を用いて，距離空間における開集合とは何かを定義した．第 3 章では，ユークリッド空間における開集合たち全体（開集合系）がもつ性質に注目して，これらを一般化し抽象化して，「位相」「位相空間」を考えることで，空間概念により広い汎用性を獲得させる．

定義 111（開集合系の公理，位相構造） 集合 X の部分集合族（つまり部分集合の集合，要素 1 つ 1 つが X の部分集合）$\mathcal{O}$ について，**開集合系の公理**，あるいは開集合系の条件，あるいは開集合系の満たすべき性質とは，

(1) $\emptyset \in \mathcal{O}$ かつ $X \in \mathcal{O}$.
(2) $U_1, \ldots, U_n \in \mathcal{O}$ ならば $\bigcap_{i=1}^n U_i \in \mathcal{O}$.
(3) $U_\lambda \in \mathcal{O} \ (\lambda \in \Lambda)$ ならば $\bigcup_{\lambda \in \Lambda} U_\lambda \in \mathcal{O}$.

54　　　　　　　　　　　第 3 章　位相空間

である.

　X の部分集合族 $\mathcal{O}$ が公理 (1), (2), (3) をすべて満たすとき, $\mathcal{O}$ は X 上の**位相構造**あるいは単に X 上の**位相**とよぶ.

●コラム●

U博士：先生,「なぜ, 開集合の有限交差は開集合なのに, 無限交差は開集合になるとは限らないのか」というのは, どう説明したらよいでしょうか？

I先生：まず, 距離空間で開集合をどう定めたか, を思い出すようにすればよいと思うよ.

U博士：距離空間の部分集合 U が開集合というのは, U の各点のある δ-近傍が U に入る...

I先生：だから, 共通部分を考えると, その δ-近傍の正の数 δ をどんどん減らしていかなければいけなくて, 正の数のままで有限回だけなら減らせるけど, 無限回減らせないよね, というのはどう？

U博士：それで納得してくれたらよいですけど...

とぽ次郎：ワン！

I先生：とぽ次郎は納得したみたいだね.

3.2　位相空間

　前節の内容を読んで, 読者諸氏は, もしかしたら, 何かもやもやした気分かもしれない. 具体的に開集合を定めているわけでもないし, ハッキリしないからである. 実は, 敢えて, もやもや, させているのである. もやもやの中に本質が見えてくるかもしれない. だから, あまり気にせず, どんどん読み進めてほしい.

定義 112（**位相空間**）　集合 X とその上の位相 $\mathcal{O}$ の組 $(X, \mathcal{O})$ のことを**位相空間**という. また, X が位相空間である, と言った場合は, X 上の位相 $\mathcal{O}$ が何かしら与えられていることを意味する. このとき, $\mathcal{O}$ に属する集合を X の**開集合**とよぶ：

$$\mathcal{O} = \{U \mid U \text{ は } X \text{ の開集合 }\}.$$

◆ 例 113（ユークリッド距離位相） ユークリッド空間はユークリッド距離から決まる**ユークリッド距離位相**（☞ ユークリッド距離から決まる位相：定義 5，定義 41）に関する位相空間である．ユークリッド距離位相は**ユークリッド位相**ともよぶ．

◆ 例 114（距離位相） (X, d) を距離空間とする．部分集合 $U \subseteq X$ が開集合とは，任意の $x \in U$ に対し，$\delta > 0$ が存在して，x の距離関数 d に関する δ-近傍 $B(x, \delta)$ が U に含まれることであった（☞ 開集合：定義 67）．距離から決まる開集合の全体の集合

$$\mathcal{O} = \{U \mid U \text{ は } X \text{ の開集合 }\}$$

は開集合系の条件（☞ 開集合系の公理：定義 111）を満たす．この位相を，**距離位相**とよぶ．したがって，距離空間は位相空間になる．つまり，このときの位相は，与えられている距離から決まる位相（開集合系）である．

◆ 例 115（密着位相） X を集合とする．$\mathcal{O} = \{\emptyset, X\}$ とおくと，$\mathcal{O}$ は開集合系の公理を満たす．これを X 上の**密着位相**とよぶ．密着位相は開集合が一番少ない位相である．

◆ 例 116（離散位相） X を集合とする．X のすべての部分集合からなる集合を X の**べき集合**とよび，$\mathcal{P}(X)$ と表す．$\mathcal{O} = \mathcal{P}(X)$ とすると，$\mathcal{O}$ は開集合系の公理を満たすから，X 上の位相を定める．これを X 上の**離散位相**とよぶ．離散位相は開集合が一番多い位相である．

◆ 例 117 2 つの要素 a, b からなる集合 $X = \{a, b\}$ 上の位相は次の 4 通りである．まず，

$$\mathcal{O}_1 = \{\ \emptyset,\ \{a, b\}\ \} \quad \text{（密着位相）}$$

がある．それから，

$$\mathcal{O}_2 = \{\ \emptyset,\ \{a\},\ \{a, b\}\ \}$$

も開集合系の公理を満たす．同様に

$$\mathcal{O}_3 = \{\ \emptyset,\ \{b\},\ \{a, b\}\ \}$$

も開集合系の公理を満たす. 最後に

$$\mathcal{O}_4 = \{\ \emptyset,\ \{a\},\ \{b\},\ \{a,b\}\ \}\quad（離散位相）$$

がある. このうち, 離散位相 $\mathcal{O}_4$ は距離位相であるが, $\mathcal{O}_1, \mathcal{O}_2, \mathcal{O}_3$ は X 上の
どんな距離からも定まらない位相である.

演習問題 118 有限集合[1]の上の距離位相は離散位相に限ることを示せ. 😣

◆ **例題 119** 3つの要素 a, b, c からなる集合 $X = \{a, b, c\}$ 上の位相をすべて
求めよ.

解答例. X 上の位相は, 次の 29 通りである.

$\mathcal{O}_1 = \{\emptyset, X\}$（密着位相）, $\quad \mathcal{O}_2 = \{\emptyset, \{a\}, X\}, \quad \mathcal{O}_3 = \{\emptyset, \{b\}, X\},$

$\mathcal{O}_4 = \{\emptyset, \{c\}, X\}, \quad \mathcal{O}_5 = \{\emptyset, \{a,b\}, X\}, \quad \mathcal{O}_6 = \{\emptyset, \{a,c\}, X\}, \quad \mathcal{O}_7 = \{\emptyset, \{b,c\}, X\},$

$\mathcal{O}_8 = \{\emptyset, \{a\}, \{a,b\}, X\}, \quad \mathcal{O}_9 = \{\emptyset, \{a\}, \{a,c\}, X\}, \quad \mathcal{O}_{10} = \{\emptyset, \{a\}, \{b,c\}, X\},$

$\mathcal{O}_{11} = \{\emptyset, \{b\}, \{a,b\}, X\}, \quad \mathcal{O}_{12} = \{\emptyset, \{b\}, \{b,c\}, X\}, \quad \mathcal{O}_{13} = \{\emptyset, \{b\}, \{a,c\}, X\},$

$\mathcal{O}_{14} = \{\emptyset, \{c\}, \{a,c\}, X\}, \quad \mathcal{O}_{15} = \{\emptyset, \{c\}, \{b,c\}, X\}, \quad \mathcal{O}_{16} = \{\emptyset, \{c\}, \{a,b\}, X\},$

$\mathcal{O}_{17} = \{\emptyset, \{a\}, \{b\}, \{a,b\}, X\}, \quad \mathcal{O}_{18} = \{\emptyset, \{a\}, \{c\}, \{a,c\}, X\},$

$\mathcal{O}_{19} = \{\emptyset, \{b\}, \{c\}, \{b,c\}, X\}, \quad \mathcal{O}_{20} = \{\emptyset, \{a\}, \{a,b\}, \{a,c\}, X\},$

$\mathcal{O}_{21} = \{\emptyset, \{b\}, \{a,b\}, \{b,c\}, X\}, \quad \mathcal{O}_{22} = \{\emptyset, \{c\}, \{a,c\}, \{b,c\}, X\},$

$\mathcal{O}_{23} = \{\emptyset, \{a\}, \{b\}, \{a,b\}, \{a,c\}, X\}, \mathcal{O}_{24} = \{\emptyset, \{a\}, \{b\}, \{a,b\}, \{b,c\}, X\},$

$\mathcal{O}_{25} = \{\emptyset, \{a\}, \{c\}, \{a,b\}, \{a,c\}, X\}, \mathcal{O}_{26} = \{\emptyset, \{a\}, \{c\}, \{a,c\}, \{b,c\}, X\},$

$\mathcal{O}_{27} = \{\emptyset, \{b\}, \{c\}, \{a,b\}, \{b,c\}, X\}, \mathcal{O}_{28} = \{\emptyset, \{b\}, \{c\}, \{a,c\}, \{b,c\}, X\},$

$\mathcal{O}_{29} = \{\emptyset, \{a\}, \{b\}, \{c\}, \{a,b\}, \{a,c\}, \{b,c\}, X\}$（離散位相）.

演習問題 120 次の問いに答えよ. 😊

(1) 集合 X の部分集合族 $\mathcal{O}$ が X 上の開集合系の公理を満たすとはどうい
う意味か？ その条件（定義）を書け.

(2) 位相空間 X の部分集合 U に関する次の条件 (i) と (ii) が互いに同値で
あることを示せ.

(i) 任意の $x \in U$ に対し, X の開集合 W_x が存在して, $x \in W_x \subseteq U$ を満たす.

(ii) U は X の開集合である.

---

[1] 要素の個数が有限個の集合のこと（U 博士）.

3.3 位相空間の部分集合の内部・外部・境界・閉包

位相空間の部分集合が与えられたとき，その部分集合を基準に考えて，空間の点がいろいろと種類分けされる.

定義 121（位相空間の部分集合の内点，外点，境界点） X を位相空間とし，$A \subseteq X$ を部分集合とする. $x \in X$ とする.

(1) x が A の**内点**とは，X の開集合 U で $x \in U$ かつ $U \subseteq A$ となるものが存在することである.

(2) x が A の**外点**とは，X の開集合 U で $x \in U$ かつ $U \cap A = \emptyset$ となる[2]ものが存在することである.

(3) x が A の**境界点**とは，$x \in U$ となる任意の X の開集合 U について，$U \not\subseteq A$ かつ $U \cap A \neq \emptyset$ となることである. すなわち，A の境界点とは，A の内点でも外点でもないような点のことである.

(4) x が A の**触点**とは，$x \in U$ となる任意の X の開集合 U について，$U \cap A \neq \emptyset$ となることである. すなわち，A の外点ではないことである. 言い換えれば，A の内点または境界点であることである.

(5) x が A の**集積点**とは，$x \in U$ となる任意の X の開集合 U について，$U \cap (A \setminus \{x\}) \neq \emptyset$ となることである. すなわち，$A \setminus \{x\}$ の触点のことである.

(6) x が A の**孤立点**とは，X の開集合 U で $x \in U$ かつ $U \cap A = \{x\}$ となるものが存在することである. すなわち，A に属する $A \setminus \{x\}$ の外点のことである.

上の定義 121 では，集合論の言葉の他は開集合という位相の言葉だけを使って述べられていることに注意したい.

定義から明らかなように，X の点は，(1) A の内点，(2) A の境界点，(3) A の外点，の 3 種類にもれなく重複なく分類される.

定義 121 のような様々な位相的概念は，距離位相を考えれば，距離空間の場合にももちろん適用できる.

定義 122（位相空間の部分集合の内部，外部，境界） X を位相空間とし，

---

[2] つまり $U \subseteq A^c$（U 博士）.

$A \subseteq X$ を部分集合とする.A の内点全体の集合を A の**内部**とよび,$A°$ ある
いは $\mathrm{Int}(A)$ で表す:

$$A° = \{x \in X \mid x \text{ は } A \text{ の内点}\}.$$

また,A の内点および境界点の全体の集合を A の**閉包**とよび,$\overline{A}$ あるいは
$\mathrm{Cl}(A)$ で表す:

$$\begin{aligned}
\overline{A} &= \{x \in X \mid x \text{ は } A \text{ の触点}\} \\
&= \{x \in X \mid x \text{ は } A \text{ の内点または境界点}\}.
\end{aligned}$$

また,A の外点全体の集合を A の**外部**とよび,A^e あるいは A^{co} あるいは
$\mathrm{Ext}(A)$ で表す:

$$\begin{aligned}
\mathrm{Ext}(A) &= \{x \in X \mid x \text{ は } A \text{ の外点}\} \\
&= (A^c)°.
\end{aligned}$$

さらに,A の境界点全体の集合を A の**境界**とよび,$\partial(A), \partial A$ あるいは $\mathrm{Bd}(A)$
で表す:

$$\partial(A) = \{x \in X \mid x \text{ は } A \text{ の境界点}\}.$$

次の定理は位相空間の部分集合が開集合であるための条件を与える.定理
123 の証明は巻末の証明集にある.

定理 123 X を位相空間とし,U を X の部分集合とする.このとき,U が
X の開集合である必要十分条件は U が U の内点のみからなること,すなわ
ち $U° = U$ となることである.

◆ **例題 124** X を位相空間とし,A を X の部分集合とする.このとき,次
を示せ.

(1) A の内部 $A°$ は,$U \subseteq A$ を満たす X の開集合 U たち全体の和集合に
等しい.

(2) A の内部 $A°$ は,A に含まれる最大の開集合である.

例題 124 の解答例. $U \subseteq A$ を満たす X の開集合 U たち全体の和集合を V
とおく(ここだけの記号である).

(1) まず，$A^\circ \subseteq V$ を示す.

x を A° の任意の点とすると，x は A の内点であるから，定義により，$x \in U_x \subseteq A$ となる X の開集合 U_x が存在する．上で定めた V の定義から，$U_x \subseteq V$ となる．よって，$x \in V$ となる．したがって $A^\circ \subseteq V$ が成り立つ.

次に，$V \subseteq A^\circ$ を示す.

任意の点 $x \in V$ をとる．すると，V の定義から，X の開集合 U で $U \subseteq A$ を満たすものがあって，$x \in U$ が成り立つ．$x \in U \subseteq A$ であるから，x は A の内点である．したがって，$x \in A^\circ$ となる．よって，$V \subseteq A^\circ$ が成り立つ.

したがって，$A^\circ = V$ が成り立つ.

(2) (1) より，特に A° は X の開集合の和集合だから開集合であり，また，U が A に含まれる任意の開集合とすると，$U \subseteq V = A^\circ$ であるから，A° は A に含まれるような開集合のうちで，包含関係について最大の開集合である. $\square$

演習問題 125 X を位相空間とし，A を X の部分集合とする．このとき，次のことを確かめよ（☞ 内点・外点・境界点など：定義 121）．☺

(1) $X \setminus \overline{A}$ は A の外部に一致する.

(2) $\overline{A} \setminus A^\circ$ は A の境界に一致する.

(3) x が A の集積点である必要十分条件は $x \in \overline{A \setminus \{x\}}$ である.

(4) x が A の孤立点である必要十分条件は，$x \in A$ かつ x が A の集積点でないことである.

◆ **例題 126** X を位相空間とし，A を X の部分集合とし，$x \in X$ とする．このとき，x が A の外点である必要十分条件は，x が補集合 A^c の内点であることである.

例題 126 の解答例. x が A の外点である $\iff x$ の開近傍 U で $U \cap A = \emptyset$ となるものが存在する $\iff x$ の開近傍 U で $U \subseteq A^c$ となるものが存在する $\iff x$ は A^c の内点. $\square$

3.4 位相空間における閉集合

$(X, \mathcal{O})$ を位相空間とし，$\mathcal{O}$ を与えられた位相（開集合系）とする．$\mathcal{O}$ は X

60   第 3 章 位相空間

の部分集合からなる集合族で，開集合系の公理（定義 111）を満たしている．
$\mathcal{O}$ に属する部分集合を，それらだけを（与えられた位相に関する）X の開
集合とよんだ（☞ 位相：定義 112）．次に閉集合の定義を与えよう．

定義 127（位相空間の閉集合）　位相空間 X の部分集合 F が X の**閉集合**と
は，F の境界点がすべて F に属するときにいう（☞ 閉包：定義 122）．すな
わち，F の閉包 $\overline{F}$ が F に等しいときである．

演習問題 128　F の境界点がすべて F に属することと，F の閉包 $\overline{F}$ が F
に等しいことは，同値な条件であること（必要十分条件であること）を示せ．
☺

　次の定理は，位相空間の部分集合が閉集合である条件を開集合という概念
を用いて述べている．定理 129 の証明は巻末の証明集にある．

定理 129　X を位相空間とし，F を X の部分集合とする．F が X の閉集
合である必要十分条件は，その補集合 $F^c = X \setminus F$ が X の開集合であること
である（☞ 開集合：定義 112）．

　閉集合の全体は次に述べる性質をもっている．補題 130 の証明は巻末の証
明集にある．

定理 130（閉集合系の公理）　位相空間 X の閉集合の全体からなる集合族を
$\mathcal{F}$ と表す：
$$\mathcal{F} = \{F \mid F \text{ は } X \text{ の閉集合}\}.$$
このとき，次が成り立つ．

(1) $X \in \mathcal{F}$, $\emptyset \in \mathcal{F}$.

(2) $F_1, \ldots, F_n \in \mathcal{F}$ ならば $\bigcup_{i=1}^{n} F_i \in \mathcal{F}$.

(3) $F_\lambda \in \mathcal{F}$ $(\lambda \in \Lambda)$ ならば $\bigcap_{\lambda \in \Lambda} F_\lambda \in \mathcal{F}$.

演習問題 131　X を位相空間とし，A を X の部分集合とする．次を示せ．
☹

(1) A の閉包 $\overline{A}$ は，$A \subseteq F$ を満たす X の閉集合 F の全体の共通部分に一
致する．

(2) A の閉包 $\overline{A}$ は，A を含む最小の閉集合である．

3.4 位相空間における閉集合　　61

◆ **例題 132**　X を位相空間，$A_1, \ldots, A_n$ を X の部分集合とする．次を示せ．

(1) $\left(\bigcap_{i=1}^n A_i\right)^\circ = \bigcap_{i=1}^n A_i^\circ$．

(2) $\overline{\bigcup_{i=1}^n A_i} = \bigcup_{i=1}^n \overline{A_i}$．

解答例. (1) 各 A_i° は X の開集合だから，$\bigcap_{i=1}^n A_i^\circ$ は X の開集合で，$\bigcap_{i=1}^n A_i^\circ \subseteq \bigcap_{i=1}^n A_i$ であるから，$\bigcap_{i=1}^n A_i^\circ \subseteq \left(\bigcap_{i=1}^n A_i\right)^\circ$ となる（☞ 開集合系の公理と例題 124 (1)）．一方，$1 \leqq i \leqq n$ について，$\left(\bigcap_{i=1}^n A_i\right)^\circ$ は A_i に含まれる X の開集合だから，$\left(\bigcap_{i=1}^n A_i\right)^\circ \subseteq A_i^\circ$（再び ☞ 例題 124）．したがって，$\left(\bigcap_{i=1}^n A_i\right)^\circ \subseteq \bigcap_{i=1}^n A_i^\circ$ を得る．よって求める等式が得られる．

(2) $\bigcup_{i=1}^n \overline{A_i}$ は $\bigcup_{i=1}^n A_i$ を含む閉集合であるから，$\overline{\bigcup_{i=1}^n A_i} \subseteq \bigcup_{i=1}^n \overline{A_i}$（☞ 閉集合系の公理と演習問題 131）．一方，$\overline{\bigcup_{i=1}^n A_i}$ は A_i $(1 \leqq i \leqq n)$ を含む閉集合であるから，$\overline{A_i} \subseteq \overline{\bigcup_{i=1}^n A_i}$ であり，したがって，$\bigcup_{i=1}^n \overline{A_i} \subseteq \overline{\bigcup_{i=1}^n A_i}$ となり，求める等式を得る．

✔ **注意 133**　例題 132 の主張は，無限個の部分集合族に対しては一般には成立しない．すなわち，X を位相空間 A_λ $(\lambda \in \Lambda)$ を X の部分集合の族とするとき次の等式は一般に成り立たない．

× (1′) $\left(\bigcap_{\lambda \in \Lambda} A_\lambda\right)^\circ = \bigcap_{\lambda \in \Lambda} A_\lambda^\circ$．

× (2′) $\overline{\bigcup_{\lambda \in \Lambda} A_\lambda} = \bigcup_{\lambda \in \Lambda} \overline{A_\lambda}$．

演習問題 134　注意 133 に関する具体的な反例を X が 1 次元ユークリッド空間 **R** の場合に与えてみよ．😐

定義 135（位相空間の稠密集合）　X を位相空間とし，A を X の部分集合とする．A が X で**稠密**（ちゅうみつ）であるとは，$\overline{A} = X$ のときにいう．すなわち，「X の各点が A の内点か境界点であること」である．言い換えれば「任意の $x \in X$ が A の触点であること」，さらに詳しく言い換えれば，「任意の $x \in X$ と x を含む X の任意の開集合 U について，$U \cap A \neq \emptyset$」が成り立つことである．また，「A の外点が存在しないこと」と言い換えることもできる（☞ 内点・境界点・外点・触点：定義121）．

◆ **例題 136**　位相空間 X の 2 つの稠密な開集合 U_1, U_2 の共通部分 $U_1 \cap U_2$ は稠密な開集合であることを示せ．

例題 136 の解答例. U_1, U_2 を X の稠密な開集合とする. $x \in X$, U を x を含む X の開集合とする. U_1 が稠密なので $U \cap U_1 \neq \emptyset$ である. $y \in U \cap U_1$ が存在する. このとき, $U \cap U_1$ は X の開集合であり, U_2 が稠密だから, $(U \cap U_1) \cap U_2 = U \cap (U_1 \cap U_2) \neq \emptyset$ である. よって, $U_1 \cap U_2$ は稠密である. また, $U_1 \cap U_2$ は開集合である. したがって, $U_1 \cap U_2$ は稠密な開集合である. □

●コラム●

　今日は, I 先生と, とぽ次郎だけ.

I 先生：開集合はフランス語で ensemble ouvert（アンサンブル・ウベール）, 閉集合は ensemble fermé（アンサンブル・フェルメ）なので, 開集合は U で, 閉集合は F で表したくなる. そうだね, とぽ次郎.

とぽ次郎：ウ〜, フ〜, ワン.

I 先生：ところで, 位相空間で近傍という用語は誤解をまねくよな. 位相空間では, 近いとか遠いとか意味がないからな. それに比べて, 英語の neighborhood という用語の方がまだ誤解が少ないかもしれないな.

とぽ次郎：ウ〜. ワン. フ〜ン.

3.5　位相空間における開近傍・近傍

定義 137（位相空間の点の近傍, 開近傍）　X を位相空間とし, $a \in X$ とする. X の部分集合 N が a の**近傍**とは, a が N の内点であるときにいう. すなわち $a \in N^\circ$ のときである（☞ 内点：定義 121, ☞ 内部：定義 122）. 特に, a の近傍 N が X の開集合のとき, N を a の**開近傍**という.

　このように開集合という言葉を使って（距離は使わず）近傍という考え方を導入するわけである.

　位相空間という抽象的なものを扱っているので,「近傍」といっても「近い」という雰囲気は失われていることは意識しよう.

✔ 注意 138　演習問題 120 により位相空間 X の部分集合 U に関する次の条件 (i) と (ii) が互いに同値であることがわかる.

(i) 任意の $x \in U$ に対し，X における x の開近傍 W_x が存在して，$x \in W_x \subseteq U$ を満たす．

(ii) U は X の開集合である．

定義 139 (位相空間の点の基本近傍系，基本開近傍系) X を位相空間とし，$a \in X$ とする．点 a の近傍からなる族（近傍族）$\{B_\lambda\}$ が点 a の**基本近傍系**とは，a の任意の近傍 N に対して，$B_\lambda \subseteq N$ となる B_λ が存在するときにいう．基本近傍系 $\{B_\lambda\}$ が特に開近傍からなる場合は，**基本開近傍系**とよぶ．

◆ **例 140** (X, d) を距離空間とする．点 $a \in X$ と $\delta > 0$ を決めると，距離 d に関する δ-近傍

$$B(a, \delta) = \{x \in X \mid d(a, x) < \delta\}$$

が決まった．δ を正数の範囲で動かすと，点 a の（距離位相に関する）基本近傍系 $\{B(a, \delta)\}$ ができる．実際，a の任意の近傍 N について，a は N の内点だから，$\delta > 0$ が存在して，$B(a, \delta) \subseteq N$ となるからである．

また，$B(a, \delta)$ は開集合（☞ 定理 71）だから，$\{B(a, \delta)\}$ は点 a の基本開近傍系である．

●コラム●

I 先生：位相の話は，ものさしも巻き尺もない世界を考えるという，かなり高度な抽象化だよ．

U 博士：難しいですね．抽象化する能力は鍛えられない，とあきらめてしまうこともあります．

I 先生：とにかく，位相空間の一般論で「距離」を使うのは反則．サッカーで（キーパー以外が）試合中に手を使うようなものさ．

S 君：キーパーでなくてもスローインとかフリーキックの前とかは手を使いますよ．反則にならない程度に使いますよ．

I 先生：そうだね．反則にならない程度に使うのはいいけど，反則になるように使ったらダメということだね．

O さん：フェア・プレーですね．

とぼ次郎：ワンワン！

64   第 3 章　位相空間

3.6　相対位相と部分位相空間

　X を位相空間とし，A を X の部分集合とする．このとき，X の位相を用い
て，A に位相を入れて，A を位相空間にしたい．どうすればよいだろうか？

定理 141　$(X, \mathcal{O})$ を位相空間，$\mathcal{O}$ を X の開集合系（位相）とし，A を X
の部分集合とする．X の開集合と A の共通部分として表されるような部分
集合の全体を

$$\mathcal{O}_A = \{V \subseteq A \mid X \text{ の開集合 } U \text{ があって } V = U \cap A\} = \{U \cap A \mid U \in \mathcal{O}\}$$

とおくと，$\mathcal{O}_A$ は A の位相を定める．すなわち，$\mathcal{O}_A$ が A の開集合系の公理
を満たす（☞ 開集合系の公理：定義 111）．

　定理 141 の証明は巻末の証明集にある．定理 141 に基づいて次の定義を
する．

定義 142（相対位相）　位相空間 $(X, \mathcal{O})$ の部分集合 A に対し，定理 141 で
構成した A 上の位相 $\mathcal{O}_A$ を，X の位相から A に誘導された**相対位相**とよぶ．
また，相対位相が与えられた部分集合を**部分位相空間**という．

✔ **注意 143**　X を位相空間とし，$A \subseteq X$ とする．A に相対位相を入れる．
$B \subseteq A$ とする．このとき，$\overline{B} \cap A$ は，B の X における触点のうち A に属する
点の全体となるから，<u>B の A における閉包に一致する</u>．

　相対位相について，念のため，もう一度確認しておこう．位相空間 X の
部分位相空間 A について次が成り立つ：

╭─ キーポイント ──────────────────────────

　　$V \subseteq A$ が A の開集合 $\iff X$ の開集合 U があって $V = A \cap U$

╰──────────────────────────────────

◆ **例題 144**　(X, d) を距離空間とし，$A \subseteq X$ を部分集合とする．距離関数
$d : X \times X \to \mathbf{R}$ を A へ制限して定まる A 上の距離を d_A とする．このとき，
d_A から定まる A 上の距離位相 $\mathcal{O}_{d_A}$ と，d から定まる X 上の距離位相 $\mathcal{O}_X$

3.6 相対位相と部分位相空間　　　　65

に関する A の相対位相 $\mathcal{O}_A$ は一致すること，つまり $\mathcal{O}_{d_A} = \mathcal{O}_A$ を示せ（☞
距離の制限：定理 59）.

例題 144 の解答例. $\mathcal{O}_{d_A} \subseteq \mathcal{O}_A : U \in \mathcal{O}_{d_A}$ とする. 任意に $a \in U$ をと
る. すると $\delta = \delta_a > 0$ が存在して，$B_{d_A}(a, \delta_a) \subset U$ となる. ここで，
$B_{d_A}(a, \delta_a) = \{x \in A \mid d_A(a, x) < \delta_a\}$ である. d_A の定義から，$a, x \in A$ なの
で，$d_A(a, x) = d(a, x)$ である. よって，$B_{d_A}(a, \delta_a) = B_d(a, \delta_a) \cap A$ である. い
ま，$V = \bigcup_{a \in U} B_d(a, \delta_a)$ とおくと，$U = V \cap A$ が成り立つ. 実際，$U \subseteq V \cap A$
は明らかである. よって $U = V \cap A$ が成り立つ. また，各 $B_d(a, \delta_a)$ は $\mathcal{O}_X$
に属するので，$V \in \mathcal{O}_X$ である. よって，$U \in \mathcal{O}_A$ である. したがって，
$\mathcal{O}_{d_A} \subseteq \mathcal{O}_A$ が成り立つ.

　$\mathcal{O}_A \subseteq \mathcal{O}_{d_A} : U \in \mathcal{O}_A$ とする. $V \in \mathcal{O}_X$ が存在して，$U = V \cap A$ とな
る. $a \in U$ を任意にとる. $a \in V$ で $V \in \mathcal{O}_X$ だから，$\delta > 0$ が存在して，
$B_d(a, \delta) \subseteq V$ となる. このとき $B_{d_A}(a, \delta) = B_d(a, \delta) \cap A$ である. よって，
$B_{d_A}(a, \delta) \subseteq V \cap A = U$ となる. したがって $U \in \mathcal{O}_{d_A}$ である. よって，
$\mathcal{O}_A \subseteq \mathcal{O}_{d_A}$ が成り立つ. 　　　　　　　　　　　　　　　　　□

✔ **注意 145** $(X, \mathcal{O})$ を位相空間とし，$A \subseteq X$ を部分集合とする. 定理 141 の
位相 $\mathcal{O}_A$，すなわち相対位相は，包含写像 $i : A \to X$, $i(x) = x$ $(x \in A)$ が連続
になるような A 上の位相のうち最弱の位相である（☞ 位相の生成，位相の強
弱：6.1 節）.

●コラム●

I 先生：相対位相は X の開集合のうち，A に含まれるものを集めてくれ
ばよいのでは，と考える人もいるかもしれない. そうすれば，A の位相
の条件（開集合系の公理：定義 111）が満たされそうだからである. 確
かに条件の (2) 共通部分の条件と (3) 和集合の条件は大丈夫だが，残念
ながら (1) が一般には成り立たなくなる. 空集合 $\emptyset$ はあらゆる集合に
含まれるのだから A に含まれるので問題ないが，A 自身が X の開集合
でないと A は A に含まれる X の開集合でなくなるからダメなわけだ.
残念である.

3.7 位相空間上の連続関数，位相空間の間の連続写像

距離空間 X 上の実数値関数 $f : X \to \mathbf{R}$ が点 a で連続とは，

「任意の $\varepsilon > 0$ に対し，$\delta > 0$ が存在して，$x \in X$ に対して，

$$d(a, x) < \delta \Longrightarrow |f(a) - f(x)| < \varepsilon$$

が成り立つこと」

であった．同値な条件として，

「任意の $\varepsilon > 0$ に対し，点 a の開近傍 U が存在して，

$$x \in U \Longrightarrow |f(a) - f(x)| < \varepsilon$$

が成り立つこと」

があった．最初の条件は，定義域 X 上の距離 d を用いて表されているから，残念ながら，一般の位相空間に対しては適用できない．しかし，後の方の条件は，定義域 X の距離ではなく「開近傍」という概念を用いているから，一般の位相空間に対して適用できる：

定義 146（位相空間上の関数の連続性）　X を位相空間とし，$a \in X$ とする．実数値関数 $f : X \to \mathbf{R}$ が点 a で**連続**とは，任意の $\varepsilon > 0$ に対し，点 a の開近傍 U が存在して，$x \in U$ ならば $|f(x) - f(a)| < \varepsilon$ が成り立つときにいう．

位相空間には "δ-近傍" という概念がないので，その代わりに，より抽象的に与えられた「開近傍」というものを使って定義していることに注意しよう．"近い点での値が近い" という「連続性」が，距離が定まっていなくても，位相を使って表現できているわけである（☞ 連続性：定理 95 (3)）．

演習問題 147　X を位相空間とし，$a \in X$ とする．次の 2 条件が互いに必要十分条件であることを示せ．😊

(1) 関数 $f : X \to \mathbf{R}$ が点 a で連続である．

(2) 任意の $\varepsilon > 0$ に対し，a の近傍 N が存在して，$x \in N$ ならば $|f(x) - f(a)| < \varepsilon$ が成り立つ．

3.7 位相空間上の連続関数, 位相空間の間の連続写像 　　　67

定義 148 (位相空間上の連続関数) X を位相空間とする. 実数値関数 $f:$
$X \to \mathbf{R}$ が X 上で**連続**であるとは, X 上のすべての点において f が連続で
あるときにいう. すなわち, 「任意の $a \in X$ と任意の $\varepsilon > 0$ に対し, 点 a の
開近傍 U が存在して, $x \in U$ ならば $|f(x) - f(a)| < \varepsilon$ が成り立つこと」であ
る. このとき f は X 上の**連続関数**という.

定義 149 (位相空間から位相空間への写像の連続性) $(X, \mathcal{O}_X), (Y, \mathcal{O}_Y)$ を位
相空間, $f : X \to Y$ を写像, $a \in X$ とする. f が点 a で**連続**とは, 点 $f(a)$
の Y における任意の開近傍 V に対し, 点 a の X における開近傍 U が存在
して, $f(U) \subseteq V$ となるときにいう[3].

　前節の連続性の定義 (定義 146) は定義 149 を $Y = \mathbf{R}$ (1 次元ユークリッ
ド空間) にあてはめたものとなる.

演習問題 150 $(X, \mathcal{O}_X), (Y, \mathcal{O}_Y)$ を位相空間, $f : X \to Y$ を写像, $a \in X$ と
する. f が a で連続である必要十分条件は,

　(*) Y における $f(a)$ の任意の近傍 M に対し, X における a の近傍 N が
存在して, $f(N) \subseteq M$ が成り立つこと

である. これを示せ. ☺

定義 151 (位相空間から位相空間への連続写像) 位相空間 X, Y の間の写像
$f : X \to Y$ が X 上で**連続**であるとは, X のすべての点 a で f が連続である
ときをいう.
　つまり, 「任意の点 $a \in X$ と, 点 $f(a)$ の Y における任意の開近傍 U に対
し, 点 a の X における開近傍 V で $f(V) \subseteq U$ となるものが存在する」とき
である (☞ 点で連続: 定義 149). このとき, f は X 上の**連続写像**であると
いう.

―――――――――――――――
[3] Y における, とか, X における, とか, どこの場所の話かを明示することが大切である (I
　先生).

68   第 3 章　位相空間

キーポイント

$f : X \to Y$ が連続写像 $\iff$ 任意の点 $a \in X$ と，

点 $f(a)$ の Y における任意の開近傍 U に対し，

点 a の X における開近傍 V で $f(V) \subseteq U$ となるものが存在する．

位相空間の間の写像が連続であるための条件が次で与えられる．定理 152 の証明は巻末の証明集にある．

定理 152 　2 つの位相空間 X, Y の間の写像 $f : X \to Y$ について，次の 3 条件は同値である：

(I) $f : X \to Y$ が連続写像である（☞ 連続写像：定義 151）．

(II) Y の任意の開集合 U に対して，逆像 $f^{-1}(U)$ は X の開集合である．

(III) Y の任意の閉集合 F に対して，逆像 $f^{-1}(F)$ は X の閉集合である．

◆ **例題 153** 　X, Y を位相空間とし，$f : X \to Y$ を連続写像とする．このとき，次を示せ．

(1) 任意の $A \subseteq X$ に対し，$f(\overline{A}) \subseteq \overline{f(A)}$ が成り立つ．

(2) 任意の $B \subseteq Y$ に対し，$f^{-1}(B^\circ) \subseteq (f^{-1}(B))^\circ$ が成り立つ．

例題 153 の解答例．(1) 任意に $y \in f(\overline{A})$ をとる．y の任意の開近傍 U をとる．$y \in f(\overline{A})$ だから，$x \in \overline{A}$ が存在して $f(x) = y$ となる．f は x で連続であるから，x の開近傍 V が存在して $f(V) \subseteq U$ となる．$x \in \overline{A}$ だから，$V \cap A \neq \emptyset$ となる．よって，

$$U \cap f(A) \supseteq f(V) \cap f(A) \supseteq f(V \cap A) \neq \emptyset$$

が成り立つ．U は y の任意の開近傍だから，$y \in \overline{f(A)}$ となる．したがって，$f(\overline{A}) \subseteq \overline{f(A)}$ が成り立つ．

(2) $B^\circ \subseteq B$ だから，$f^{-1}(B^\circ) \subseteq f^{-1}(B)$ である．B° は Y の開集合であり，f は連続写像であるから，$f^{-1}(B^\circ)$ は X の開集合である．したがって，$f^{-1}(B^\circ)$ の任意の点は $f^{-1}(B)$ の内点である．よって，$f^{-1}(B^\circ) \subseteq (f^{-1}(B))^\circ$ が成り立つ．　$\square$

3.7 位相空間上の連続関数，位相空間の間の連続写像 　　69

◆ **例題 154** X を位相空間，$f:X \to \mathbf{R}$ を連続関数とする．$A \subseteq X$ を X で稠密な部分集合とする．もし，任意の $a \in A$ に対し，$f(a) = 0$ ならば，f は X の上で恒等的に 0 である．

例題 154 の解答例． 仮に f が X の上で恒等的に 0 でないとして矛盾を導こう（背理法）．ある $x \in X$ が存在して $f(x) \neq 0$ とする．すると，$x \in f^{-1}(\mathbf{R} \setminus \{0\})$ である．$\mathbf{R} \setminus \{0\}$ は $\mathbf{R}$ の開集合であり，f は連続だから，$f^{-1}(\mathbf{R} \setminus \{0\})$ は X の開集合である．よって，$f^{-1}(\mathbf{R} \setminus \{0\})$ は x の開近傍となる．一方，$f(a) = 0$ $(a \in A)$ という仮定より，$A \cap (f^{-1}(\mathbf{R} \setminus \{0\})) = \emptyset$ である．よって，x は A の外点でなければならない．このことは，A が X で稠密であることに反する．したがって，背理法により，f が X の上で恒等的に 0 であることが導かれる． $\qquad\square$

定理 155 X, Y, Z を位相空間とし，$f:X \to Y$，$g:Y \to Z$ を連続写像とする．このとき，合成写像 $g \circ f : X \to Z$ は連続である．

定理 155 の証明については巻末の証明集を参照せよ．

定義 156（同相写像，同相）X と Y を位相空間とする．写像 $f:X \to Y$ が**同相写像**であるとは，f が全単射で連続で，逆写像 $f^{-1}:Y \to X$ も連続であるときにいう．

X と Y が**同相**であるとは，X から Y への同相写像 $f:X \to Y$ が存在するときにいう．

◆ **例題 157** 開区間 $(0,1)$ と $\mathbf{R}_{>0} = \{x \in \mathbf{R} \mid x > 0\}$ が同相であることを示せ．

例題 157 の解答例．
$$f(x) = \frac{x}{1-x}$$
とおく．f は区間 $(0,1)$ の上で定義された正の値をもつ写像 $f:(0,1) \to \mathbf{R}_{>0}$ と考えることができる．f は微分可能であり，$f'(x) = \frac{1}{(1-x)^2} > 0$ だから f は狭義単調増加で $\lim_{x \to 0} f(x) = 0$, $\lim_{x \to 1} f(x) = \infty$ となり，f は全単射，連続写像であることがわかる．さらに，逆写像 $f^{-1}:\mathbf{R}_{>0} \to (0,1)$ は

$f^{-1}(y) = \frac{y}{1-y}$ であり，これも連続であるから，f は同相写像となる．同相写像が存在するから，区間 $(0,1)$ と $\mathbf{R}_{>0}$ は同相である． □

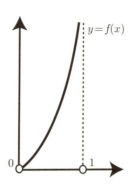

参考図 開区間 $(0,1)$ と $\mathbf{R}_{>0}$ の間の同相写像．

演習問題 158 開区間 $(0,1)$ と $\mathbf{R}$ が同相であることを示せ． ☹

定義 159（開写像） 位相空間 X から位相空間 Y への写像 $f\colon X \to Y$ が**開写像**とは，X の任意の開集合 V について，像 $f(V)$ が Y の開集合であるときにいう．

◆ **例題 160** 位相空間 X から位相空間 Y への写像 $f\colon X \to Y$ が全単射で連続であるとする．このとき，f が同相写像であるための必要十分条件は f が開写像であることである．このことを確かめよ．

例題 160 の解答例． f が同相写像であるとする．$U \subseteq X$ を X の開集合とする．逆写像 $g = f^{-1} \colon Y \to X$ が連続であるから，$g^{-1}(U)$ は Y の開集合である．逆像の定義により

$$g^{-1}(U) = \{y \in Y \mid g(y) \in U\}$$

であるが，$g(y) \in U$ という条件は $y \in f(U)$ と同値であるから，$g^{-1}(U) = f(U)$ であり，$f(U)$ は Y の開集合である．よって，f は開写像である．

f が開写像であるとし，逆写像 $g = f^{-1} \colon Y \to X$ が連続であることを示す．そのために，X の任意の開集合 U をとる．$f(U) = g^{-1}(U)$ は Y の開集

3.7 位相空間上の連続関数, 位相空間の間の連続写像　　71

合である. よって, 逆写像 $g = f^{-1} : Y \to X$ は連続である. よって, f は同相写像である.　　　　　　　　　　　　　　　　　　　　□

●**余談**●　距離と位相（その 2）.

　S 君と O さんが I 先生の研究室に質問に来ました.

O さん：距離を決めれば開集合が決まって, 開集合系の満たす性質だけを抜き出して位相というのを考えたんですよね.

I 先生：そうだよ.

S 君：じゃ, 距離空間だけ考えとけばいい, ということですね.

I 先生：授業中にも言ったけど, 距離空間が大切なのはその通りだけど, 一般的な位相の考え方が無意味かというと, そういうことではないよ. むしろ, 位相構造を考えることには深い意味があるんだ. たとえば, 人間関係を位相を使って表すとしよう.

S 君, O さん：えっ？　数学の話ではないのですか？

I 先生：あくまで抽象的な話として, 2 人の人間の関係を考えよう.

O さん：どういうことですか？

I 先生：位相の言葉で言えば, 関係性は近傍とか開集合という言葉で記述される.

S 君：近傍って, 授業でやった ε-近傍のことですか？

I 先生：いやいや, いまは, 距離という数値では考えていないので, 近傍といっても, 距離から定まる ε-近傍のことではなくて, 与えられた点が属する開集合を含むような集合のこと.

S 君：よくわかりません.

I 先生：ともかく, 人間の関係は複雑で, 単に, 2 人は仲良しか, 仲が悪いか, だけじゃないよね. そのような複雑な状況を位相という概念で, ある程度表現できるわけです.

S 君, O さん：…

I 先生：教科書の例 117 の密着位相は, 2 人は相思相愛, 一心同体っていう感じで, 離散位相は, プライベートは別々で, という感じだけど…

S 君, O さん：…

I 先生：教科書の例 117 の $\mathcal{O}_2$ とか $\mathcal{O}_3$ は, さしずめ, 片思い, という

ことかな... O_2 は b の近傍には必ず a が入るが, a は b が入らない近傍 $\{a\}$ をもっているね.

S君, Oさん：... これから授業なので, 先生, 失礼します...

連結，コンパクト，分離

連結性は，連続性とともに，位相の話の核となる．本章では，ユークリッド空間 $\mathbf{R}^m$ の中の図形の連結性について，より広い位相空間の考え方の中で理解していくことを目標としている．

まず，$\mathbf{R}^m$ の中の部分集合が非連結であることや連結であること，の定義を与える．その定義を観察すると，距離空間の中の部分集合や，位相空間の中の部分集合に対しても同じ定義があてはめられることがわかる．そうすると，$\mathbf{R}^m$ をユークリッド距離空間と見ても，ユークリッド位相空間と見ても同じこと，と達観できる．わかってくると楽しくなる．

4.1 連結集合，連結空間

$\mathbf{R}^m$ の部分集合 A が**非連結**とは，一言で言えば，A が，「一方が他方の境界点を含まないように，2つに分けられること」である．また $\mathbf{R}^m$ の部分集合 B が**連結**とは，一言で言えば，「一方が他方の境界点を含まないように，2つに分けられないこと」である．

より正確に定義すると，非連結，連結の定義は，それぞれ次のようになる：

定義 161（ユークリッド空間における非連結集合，連結集合）　$\mathbf{R}^m$ の部分集合 A が**非連結**とは，

$$A = A_1 \cup A_2,\ A_1 \neq \emptyset,\ A_2 \neq \emptyset,\ A_1 \cap \overline{A_2} = \emptyset,\ \overline{A_1} \cap A_2 = \emptyset$$

となるように分けられるときである．$\mathbf{R}^m$ の部分集合 B が**連結**とは，上のように分けられないとき，すなわち，「どんな集合 B_1, B_2 をもってきても，

$$B = B_1 \cup B_2,\ B_1 \neq \emptyset,\ B_2 \neq \emptyset,\ B_1 \cap \overline{B_2} = \emptyset,\ \overline{B_1} \cap B_2 = \emptyset$$

の 5 条件のうちのどれかが成り立たない」ときである[1]．

参考図 真ん中の図では接触する点は除いている．右図では接触する点は含んでいる．左から順に，非連結，非連結，連結である．

距離空間の部分集合の非連結・連結についても上と同様に定義される：

定義 162（**距離空間における非連結集合，連結集合**）距離空間 (X, d) の部分集合 A が**非連結**とは，（距離 d に関する閉包について）$A = A_1 \cup A_2$, $A_1 \neq \emptyset, A_2 \neq \emptyset, A_1 \cap \overline{A_2} = \emptyset, \overline{A_1} \cap A_2 = \emptyset$ となるように分けられるときである．距離空間 X の部分集合 B が**連結**とは，そのように分けられないとき，すなわち，どんな集合 B_1, B_2 をもってきても，$B = B_1 \cup B_2$, $B_1 \neq \emptyset, B_2 \neq \emptyset, B_1 \cap \overline{B_2} = \emptyset, \overline{B_1} \cap B_2 = \emptyset$ の条件のどれかが成り立たないときである．

位相空間の部分集合の非連結・連結についても上と同様に定義される：

定義 163（**位相空間における非連結集合，連結集合**）位相空間 $(X, \mathcal{O})$ の部分集合 A が**非連結**とは，（位相 $\mathcal{O}$ に関する閉包について）$A = A_1 \cup A_2$, $A_1 \neq \emptyset, A_2 \neq \emptyset, A_1 \cap \overline{A_2} = \emptyset, \overline{A_1} \cap A_2 = \emptyset$ となるように分けられるとき

---

[1] 5 条件のうち 4 条件を満たすならば，残りの条件は成り立たない，と言い換えることもできる．

である．位相空間 X の部分集合 B が**連結**とは，上のように分けられないとき，すなわち，「どんな集合 B_1, B_2 をもってきても，$B = B_1 \cup B_2$，$B_1 \neq \emptyset, B_2 \neq \emptyset, B_1 \cap \overline{B_2} = \emptyset, \overline{B_1} \cap B_2 = \emptyset$ の条件のどれかが成り立たない」ときである．

◆ **例 164** X を位相空間，$x \in X$ とする．$B = \{x\}$ は X の連結集合である．

一般の位相空間について次の定理は非連結集合の条件を与えている．定理165 の証明は巻末の証明集にある．

定理 165 位相空間 X の部分集合 A について，次の条件は互いに同値である．

(1) A は非連結である．

(2) X のある開集合 U_1, U_2 が存在して，$A \subseteq U_1 \cup U_2$, $A \cap U_1 \neq \emptyset$, $A \cap U_2 \neq \emptyset$, $A \cap U_1 \cap U_2 = \emptyset$ が成り立つ．

次の定理は，連結集合の条件を与える．定理 166 の証明は巻末の証明集にある．

定理 166 位相空間 X の部分集合 B について，次の条件は互いに同値である．

(i) B は連結である．

(ii) X の任意の開集合 U_1, U_2 について，$B \subseteq U_1 \cup U_2$, $B \cap U_1 \neq \emptyset$, $B \cap U_2 \neq \emptyset$ ならば，$B \cap U_1 \cap U_2 \neq \emptyset$ が成り立つ．

次の定理は，連結集合を連続写像で写したら連結なままであることを示している．定理 167 の証明は巻末の証明集にある．

定理 167 X, Y を位相空間とし，A を X の連結集合，$f : X \to Y$ を連続写像とするとき，像 $f(A)$ は Y の連結集合である．

演習問題 168 O さんは，「X, Y を位相空間，$f : X \to Y$ を連続写像とする．A が X の連結集合ならば，$f(A)$ は Y の連結集合であることを示せ」という問題を途中まで解いた．解答の続きを補って O さんを助けてあげよ．☺

第 4 章 連結，コンパクト，分離

┌─ **O さんの解答（途中）** ─────────────────────┐

$f(A)$ が連結でないと仮定して矛盾を導く．仮定から，Y の開集合 U_1, U_2 で

$$f(A) \subseteq U_1 \cup U_2, \ f(A) \cap U_1 \cap U_2 = \emptyset, \ f(A) \cap U_1 \neq \emptyset, \ f(A) \cap U_2 \neq \emptyset$$

を満たすものが存在する．$V_1 = f^{-1}(U_1)$, $V_2 = f^{-1}(U_2)$ とおくと，f が連続だから，V_1, V_2 は X の開集合であり...

└────────────────────────────────────┘

次の定理はいわゆる中間値の定理（の一般化）である．通常の中間値の定理は，X が $\mathbf{R}$ の区間の場合である．証明は巻末の証明集に書いてある．

定理 169（**中間値の定理の一般化**）　$(X, \mathcal{O})$ を位相空間，$f : X \to \mathbf{R}$ を実数値連続関数とし，A を X の連結集合とする．ある点 $a, b \in A$ について $f(a) < f(b)$ とする．このとき，閉区間 $[f(a), f(b)]$ は像 $f(A)$ に含まれる．（つまり，任意の $c' \in \mathbf{R}$, $f(a) \leqq c' \leqq f(b)$ に対して，点 $c \in A$ が存在して，$f(c) = c'$ が成り立つ．）

演習問題 170　次の問いに答えよ．☺

(1) 位相空間 X の点 $x \in X$ が部分集合 A の触点とはどういう意味か？また A の閉包 $\overline{A}$ とは何か？　それぞれ定義を述べよ．

(2) 位相空間 X の部分集合 A が連結であるとはどういう意味か説明せよ．

(3) 位相空間 X の部分集合 A が連結ならば閉包 $\overline{A}$ は連結であることを示せ．

演習問題 171　X を位相空間とする．次の問いに答えよ．☹

(1) $A \subseteq X$ が連結集合，$B \subseteq X$ が連結集合で，$A \cap B \neq \emptyset$ のとき，和集合 $A \cup B$ も連結集合であることを示せ．

(2) X の上の 2 項関係 $\sim$ を，$x, y \in X$ に対し，X の連結部分集合 A が存在して，$x \in A$ かつ $y \in A$ となるときに，$x \sim y$ と定める．このとき，$\sim$ が X 上の同値関係（☞ B.2 節）であることを示せ．

✔ **注意 172**　演習問題 171 の同値関係による同値類（☞ B.2 節）を X の**連結**

4.1 連結集合，連結空間　　　77

成分とよぶ．X が X の連結集合である必要十分条件は，X がただ 1 つの連結成分からなることである．

演習問題 173　X, Y を位相空間，$f : X \to Y$ を写像，A を X の連結部分集合とする．次の問いに答えよ．☺

(1) 写像 f が連続写像であるとはどういう意味か？　説明せよ．

(2) f が連続写像のとき，像 $f(A) \subseteq Y$ は連結部分集合であることを示せ．

(3) $Y = \mathbf{R}$，$f : X \to \mathbf{R}$ が連続，$x_0, x_1 \in A$，$f(x_0) = 0$，$f(x_1) = 1$ とする．このとき，$[0, 1] \subseteq f(A)$ が成り立つことを示せ．（ただし，$\mathbf{R}$ にはユークリッド位相を入れる．）

　関連して連結空間の定義を与える．

定義 174（**非連結な空間，連結な空間**）　位相空間 X が**非連結**とは，X 自身が X の非連結集合であるときにいう（☞ 非連結集合：定義 163）．すなわち，$X = X_1 \cup X_2, X_1 \neq \emptyset, X_2 \neq \emptyset, X_1 \cap \overline{X_2} = \emptyset, \overline{X_1} \cap X_2 = \emptyset$ となるように部分集合 X_1, X_2 に分けられるときである．

　位相空間 Y が**連結**とは，Y 自身が Y の連結集合であるときにいう（☞ 連結集合：定義 163）．すなわち，$Y = Y_1 \cup Y_2, Y_1 \neq \emptyset, Y_2 \neq \emptyset, Y_1 \cap \overline{Y_2} = \emptyset, \overline{Y_1} \cap Y_2 = \emptyset$ となるように部分集合 Y_1, Y_2 に分けられないときである．言い換えれば，上の 5 条件をすべて満たす Y_1, Y_2 が存在しない，ということである．

　次は，非連結空間に関する有用な必要十分条件を与える．定理 175 の証明は巻末の証明集にある．

定理 175　X を位相空間とする．次の条件は互いに同値である．

(i) X は非連結である．

(ii) X の開集合 U_1, U_2 が存在して，

$$X = U_1 \cup U_2,\ U_1 \neq \emptyset,\ U_2 \neq \emptyset,\ U_1 \cap U_2 = \emptyset$$

が成り立つことである．

(iii) X の開かつ閉な集合 U で $\emptyset \neq U \neq X$ であるものが存在する．

78   第 4 章　連結，コンパクト，分離

　連結空間に関する必要十分条件は次で与えられる．定理 176 の証明は巻末の証明集にある．

定理 176　Y を位相空間とする．次の条件は互いに同値である．

　(I) Y は連結である．

　(II) Y の開集合 V_1, V_2 で，$Y = V_1 \cup V_2$, $V_1 \neq \emptyset$, $V_2 \neq \emptyset$, $V_1 \cap V_2 = \emptyset$ となるものは存在しない．

　(III) Y の開かつ閉な集合は，$\emptyset$ と Y に限る．

◆ 例題 177　X を位相空間とする．次の 2 条件が同値であることを示せ．

　(1) X は非連結である．

　(2) 全射連続写像 $f : X \to \{0, 1\}$ が存在する．

　ただし，$\{0, 1\}$ には離散位相（あるいは同じことだが，$\mathbf{R}$ からの相対位相）を入れる．（☞ 離散位相：例 116, ☞ 相対位相：定義 142）．

例題 177 の解答例．(1) ならば (2)：(1) を仮定する．X は非連結であるから，X の開集合 U_0, U_1 が存在して，

$$X = U_0 \cup U_1, \ U_0 \neq \emptyset, \ U_1 \neq \emptyset, \ U_0 \cap U_1 = \emptyset$$

が成り立つ．写像 $f : X \to \{0, 1\}$ を $f(x) = 0 \ (x \in U_0)$, $f(x) = 1 \ (x \in U_1)$ で定める．$U_0 \cap U_1 = \emptyset$ だから写像 f は定まる．$U_0 \neq \emptyset$, $U_1 \neq \emptyset$ だから f は全射である．$f^{-1}(\{0, 1\}) = X$, $f^{-1}(\{0\}) = U_0$, $f^{-1}(\{1\}) = U_1$, $f^{-1}(\emptyset) = \emptyset$ はすべて X の開集合であるから，f は連続写像である．よって (2) が成り立つ．

　(2) ならば (1)：(2) を仮定する．全射連続写像 $f : X \to \{0, 1\}$ が存在する．$U_0 := f^{-1}(\{0\})$, $U_1 := f^{-1}(\{1\})$ とおく．f は連続だから，U_0, U_1 は X の開集合である．f は全射だから，$U_0 \neq \emptyset$, $U_1 \neq \emptyset$ である．$X = U_0 \cup U_1$, $U_0 \cap U_1 = \emptyset$ は明らかである．よって (1) が成り立つ． □

◆ 例題 178　X を位相空間とし，A を X の部分集合とする．次の条件が互いに同値であることを示せ．

　(1) A は X の非連結な部分集合である（☞ 非連結集合：定義 163）．

　(2) A に X からの相対位相を入れたとき，位相空間 A が連結空間でない（☞ 相対位相：定義 142, ☞ 連結空間：定義 174）．

例題 178 の解答例. (1) ならば (2)：(1) を仮定する. X の開集合 U_1, U_2 で $A \subseteq U_1 \cup U_2$, $A \cap U_1 \neq \emptyset$, $A \cap U_2 \neq \emptyset$, $A \cap U_1 \cap U_2 = \emptyset$ となるものが存在する. $V_1 = A \cap U_1$, $V_2 = A \cap U_2$ とおくと, V_1, V_2 は A の開集合であり, $A = V_1 \cup V_2, V_1 \neq \emptyset, V_2 \neq \emptyset, V_1 \cap V_2 = \emptyset$ が成り立つ. よって, (2) が導かれる. したがって, (1) ならば (2) が成り立つ.

(2) ならば (1)：(2) を仮定する. A が連結空間でないから, A の開集合 V_1, V_2 で, $A = V_1 \cup V_2, V_1 \neq \emptyset, V_2 \neq \emptyset, V_1 \cap V_2 = \emptyset$ となるものが存在する. V_1, V_2 は A の開集合だから, X の開集合 U_1, U_2 があって, $V_1 = A \cap U_1$, $V_2 = A \cap U_2$ となる. このとき, $A \subseteq U_1 \cup U_2$, $A \cap U_1 \neq \emptyset$, $A \cap U_2 \neq \emptyset$, $A \cap U_1 \cap U_2 = V_1 \cap V_2 = \emptyset$ となる. よって, A は X の非連結な部分集合である. すなわち (1) が導かれる. したがって (2) ならば (1) が成り立つ. □

定理 169 で特に $A = X$ の場合にあてはめれば, ただちに次の定理を得る：

定理 179 (**中間値の定理 2**) $(X, \mathcal{O})$ を連結な位相空間とし, $f : X \to \mathbf{R}$ を連続関数とする. ある点 $a, b \in X$ について $f(a) < f(b)$ とする. このとき, $[f(a), f(b)] \subseteq f(X)$ である. (つまり, 任意の $c' \in \mathbf{R}$, $f(a) \leqq c' \leqq f(b)$ に対して, $c \in X$ が存在して, $f(c) = c'$ が成り立つ.)

4.2 弧状連結

数直線 $\mathbf{R}$ やその中の区間は連結である (☞ 定理 292, 定理 293).

連結という性質よりも少しだけ強い条件, そしてわかりやすい条件に, 弧状連結, という条件 (性質) がある.

定義 180 ある閉区間 $[a, b]$ (ただし $a < b$) から位相空間 X への連続写像 $\gamma : [a, b] \to X$ を X 上の**弧**または**道**とよぶ.

定義 181 X を位相空間とする. X が**弧状連結** (あるいは**道連結**) であるとは, X 上の任意の 2 点 x, y に対し, X 上の弧 $\gamma : [a, b] \to X$ で, $\gamma(a) = x$, $\gamma(b) = y$ となるものが存在するときにいう.

位相空間が弧状連結とは,「どの 2 点も, 連続的に道でつなげられる」とい

う意味合いをもつ.

✔ **注意 182** 弧の定義域は, $[0,1]$ に規格化できる. すなわち, 弧 $\gamma : [a,b] \to X$, $\gamma(a) = x, \gamma(b) = y$ があれば, $\widetilde{\gamma} : [0,1] \to X$ を $\widetilde{\gamma}(t) = \gamma((1-t)a + tb)$ で定めると, $\widetilde{\gamma}$ も X 上の弧 (連続写像) であり, $\widetilde{\gamma}(0) = x, \widetilde{\gamma}(1) = y$ となる.

閉区間が連結であることを用いると次の定理が示される. 定理 183 の証明は巻末の証明集に与えられている.

定理 183 弧状連結な位相空間は連結である.

✔ **注意 184** 連結な位相空間が弧状連結であるとは限らない. たとえば, $\mathbf{R}^2$ の部分集合

$$X = \{(x,y) \in \mathbf{R}^2 \mid x > 0, \ y = \sin(1/x)\} \cup \{(x,y) \in \mathbf{R}^2 \mid x = 0\}$$

に $\mathbf{R}^2$ から相対位相を入れて位相空間とすれば, X は連結であるが, X は弧状連結ではない (☞ 相対位相 : 定義 142).

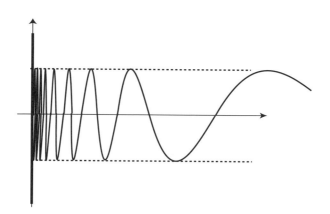

参考図 連結だが弧状連結でない例.

注意 184 の主張の証明は巻末の証明集にある.

●コラム●

U 博士: つなげよう. 位相を学んでつなげよう. 位相の基本は連続と連結. x が a に近づきゃ, $f(x)$ は $f(a)$ に近づく, これが連続.

> **O さん**：それはいったいなんですか？
>
> **U 博士**：詩を作っているのよ．つなげよう，つなげれば，連結成分はた
> だ１つ．ああ，位相は遠距離恋愛のようだ．遠く離れていてもつながっ
> ている．
>
> **O さん**：よい詩ですね．じゃあ，遠距離恋愛の歌を歌います．
>
> **とぽ次郎**：ワン．ワン，ワン．
>
> **U 博士**：また今度にしてね．

4.3 位相空間のコンパクト集合

有限は偉大である．有限性を見抜くと，ものごとは簡単になる．位相空間
のある種の有限性を表す用語に「コンパクト」というものがある．それを説明
しよう．その前に，距離空間における点列コンパクト性を思い出しておこう．

定義 185（**点列コンパクト集合**）　(X, d) を距離空間とし，A を X の部分集
合とする．A が**点列コンパクト**であるとは，A 上の任意の点列 $\{x_n\}$ に対し，
その部分列 $\{x_{n_k}\}$ を適切にとれば[2]，$\{x_{n_k}\}$ が $k \to \infty$ のとき A に属する点
に収束することである（☞ 点列の収束：定義 61）．

次の定理は，すでに紹介している．

定理 186（**＝定理 45**）　$\mathbf{R}^m$ を m 次元ユークリッド空間（☞ ユークリッド
空間：例 58）とする．$A \subseteq \mathbf{R}^m$ を部分集合とする．このとき，次の２条件は
互いに必要十分条件である：

(1) A は有界閉集合である（☞ 有界集合：定義 43，☞ 閉集合：定義 42）．

(2) A は点列コンパクトである（☞ 点列コンパクト：定義 185）．

さて，位相空間におけるコンパクト集合の定義を与えよう．

定義 187（**開被覆，部分開被覆，有限部分被覆**）　$(X, \mathcal{O})$ を位相空間とし，A
を X の部分集合とする．X の開集合の族 $\{U_\lambda \mid \lambda \in \Lambda\}$ が A の**開被覆**である

---

[2] 点列 $\{x_n\}$ の部分列とは，番号について，数列 $n_1 < n_2 < n_3 < \cdots$ をとって作った点列
$x_{n_1}, x_{n_2}, x_{n_3}, \ldots$ のことである（U 博士）．

とは，$A \subseteq \bigcup_{\lambda \in \Lambda} U_\lambda$ が成り立つときにいう[3]．また，A の開被覆 U_λ ($\lambda \in \Lambda$) の一部分で開被覆となっているもの，すなわち，ある $\Lambda' \subseteq \Lambda$ について，開集合の族 U_λ ($\lambda \in \Lambda'$) であって，$A \subseteq \bigcup_{\lambda \in \Lambda'} U_\lambda$ が成り立つもののことを**部分被覆**とよび，そのうち，有限個の開集合からなっているような部分被覆を**有限部分被覆**とよぶ．開集合の個数が有限であるような一部分の族からなる被覆のことである．

定義 188 $(X, \mathcal{O})$ を位相空間とし，A を X の部分集合とする．A が**コンパクト**であるとは，A の任意の開被覆 U_λ ($\lambda \in \Lambda$) に有限部分被覆 U_{λ_i}，$i = 1, 2, \ldots, r$ が存在することである．

言い換えると，A がコンパクトであるとは，$A \subseteq \bigcup_{\lambda \in \Lambda} U_\lambda$ となる X の開集合の族 $\{U_\lambda\}_{\lambda \in \Lambda}$ が与えられたら，必ず，そのうちの有限個の $U_{\lambda_1}, U_{\lambda_2}, \ldots, U_{\lambda_r}$ を選んで，$A \subseteq \bigcup_{i=1}^{r} U_{\lambda_i}$ とできる，ということである．

$\{\lambda_1, \ldots, \lambda_r\}$ は添字集合 Λ の中の有限部分集合であることに注意する．

また，X 自身が X のコンパクト集合のとき，位相空間 X は**コンパクト空間**である，という．

✔ **注意 189** コンパクトの定義で，A の開被覆を考えるときは，開集合が無限個ある場合，つまり，添字集合 Λ の濃度が無限の場合，が本質的である．無限は可算無限も非可算無限も想定している．そのような任意の A の開被覆が与えられたとき，その中から，必ず有限個の開集合を見つけ出して，A の開被覆ができる，というのがコンパクトの定義である．

コンパクトとは，「無限個で覆っても，そのうちの有限個で，すでに覆われている」ということである[4]．

┌─ **キーポイント** ─────────────────
│　　　　コンパクト：任意の開被覆が有限部分被覆をもつ
└──────────────────────────

---

[3] 開被覆は開集合の族である．$\{U_\lambda \mid \lambda \in \Lambda\}$，$\{U_\lambda\}_{\lambda \in \Lambda}$ などと表すが，添字集合を書くのを省略して $\{U_\lambda\}$ と書いたり，ひどいときは単に U_λ だけで開被覆を表すときがあるが，数学は行儀作法ではないので，要するに，いいかげんでもわかれば良いのである（I 先生）．

[4] 早合点で，「コンパクトとは有限個の開集合で覆われること」とカン違いして覚えてしまう人がいるが，それは大きな誤り！である（I 先生）．

4.3 位相空間のコンパクト集合　　　83

◆ **例題 190**　コンパクト集合の有限個の和集合はコンパクト集合であること，すなわち，次のことを示せ．

$(X, \mathcal{O})$ を位相空間，$A_1, \ldots, A_r$ を X のコンパクト集合とする．このとき，$\bigcup_{i=1}^{r} A_i$ は X のコンパクト集合である．

例題 190 の解答例.　X の開集合族 $\{U_\lambda \mid \lambda \in \Lambda\}$ を $\bigcup_{i=1}^{r} A_i$ の開被覆とする．すなわち，$\bigcup_{i=1}^{r} A_i \subseteq \bigcup_{\lambda \in \Lambda} U_\lambda$ とする．このとき，任意の $i = 1, \ldots, r$ に対して，$A_i \subseteq \bigcup_{\lambda \in \Lambda} U_\lambda$ で，A_i はコンパクト集合だから，i に依存する有限個の（個数も i に依存する）添字 $\lambda_{i1}, \ldots, \lambda_{is_i}$ があって，$A_i \subseteq \bigcup_{j=1}^{s_i} U_{\lambda_{ij}}$ となる．そこで，Λ の有限部分集合 $\Gamma = \{\lambda_{ij} \mid 1 \leqq i \leqq r, \, 1 \leqq j \leqq s_i\} \subseteq \Lambda$ を考えれば，$\bigcup_{i=1}^{r} A_i \subseteq \bigcup_{\lambda \in \Gamma} U_\lambda$ となる．したがって，$\bigcup_{i=1}^{r} A_i$ の任意の開被覆は有限部分被覆をもつ．よって，$\bigcup_{i=1}^{r} A_i$ は X のコンパクト集合である．　□

◆ **例題 191**　コンパクト集合の中の閉集合はコンパクト集合であること，すなわち，次のことを示せ．

$(X, \mathcal{O})$ を位相空間，A を X のコンパクト集合とする．B を X の閉集合で，$B \subseteq A$ とする．このとき，B は X のコンパクト集合である．

例題 191 の解答例.　X の開集合族 $\{U_\lambda \mid \lambda \in \Lambda\}$ を B の開被覆，$B \subseteq \bigcup_{\lambda \in \Lambda} U_\lambda$ とする．$U = X \setminus B$ とおくと，U は X の開集合であり，$A \subseteq (\bigcup_{\lambda \in \Lambda} U_\lambda) \cup U$ が成り立つ．実際，任意の $x \in A$ をとったとき，もし $x \in B$ ならば，$x \in \bigcup_{\lambda \in \Lambda} U_\lambda$ であり，もし $x \notin B$ ならば，$x \in U$ だからである．いま，仮定より，A は X のコンパクト集合であるから，有限個の $U_{\lambda_1}, \ldots, U_{\lambda_r}$ および，念のため U（1 個）も含めておいて，$A \subseteq (\bigcup_{i=1}^{r} U_{\lambda_i}) \cup U$ とできる．このとき，$B \subseteq \bigcup_{i=1}^{r} U_{\lambda_i}$ が成り立つ．実際，任意に $x \in B$ をとったとき，$x \in (\bigcup_{i=1}^{r} U_{\lambda_i}) \cup U$ であるが，$x \notin U(= X \setminus B)$ だから，$x \in \bigcup_{i=1}^{r} U_{\lambda_i}$ となるからである．よって，B の任意の開被覆は有限部分被覆をもつ．したがって，B は X のコンパクト集合である．　□

演習問題 192　次の問いに答えよ．ただし，$\mathbf{R}$ にはユークリッド位相を入れる．☺

(0) X を位相空間，A を X の部分集合とする．A が X のコンパクト集合であるとはどういう意味か？　定義を述べよ．

84   第 4 章　連結，コンパクト，分離

(1) $\mathbf{R}$ は $\mathbf{R}$ のコンパクト集合でないことを，定義から直接に証明せよ.

(2) $A = \{x \in \mathbf{R} \mid x > 0\}$ は $\mathbf{R}$ のコンパクト集合ではないことを定義から直接に証明せよ.

(3) $A = \{1, 1/2, 1/3, \ldots, 1/n, \ldots\} \cup \{0\}$ は $\mathbf{R}$ のコンパクト集合であることを定義から直接に証明せよ.

◆ **例題 193**　位相空間 X の部分集合 A について，次の条件 (a), (b) は互いに同値であることを証明せよ.

(a) A に X からの相対位相を入れたとき，A がコンパクト位相空間である（☞ 相対位相：定義 142）.

(b) X の開集合族 $\{V_\lambda\}_{\lambda \in \Lambda}$ が $A \subseteq \bigcup_{\lambda \in \Lambda} V_\lambda$ を満たすとき，有限個の $V_{\lambda_1}, \ldots, V_{\lambda_k}$ を選んで，$A \subseteq V_{\lambda_1} \cup \cdots \cup V_{\lambda_k}$ とできる.（すなわち，A は X のコンパクト部分集合.）

例題 193 の解答例. (a) $\Longrightarrow$ (b) を示す.

A の X における<u>任意の</u>開被覆 $\{V_\lambda\}_{\lambda \in \Lambda}$ ($A \subseteq \bigcup_{\lambda \in \Lambda} V_\lambda$, V_λ は X の開集合) をとる. $A = \bigcup_{\lambda \in \Lambda}(V_\lambda \cap A)$ である. $V_\lambda \cap A$ は相対位相に関して，A の開集合であり，$\{V_\lambda \cap A\}_{\lambda \in \Lambda}$ は A の A における開被覆である. A はコンパクト空間であるから，有限個の $\lambda_1, \ldots, \lambda_p$ が存在して，$A \subseteq (V_{\lambda_1} \cap A) \cup \cdots \cup (V_{\lambda_p} \cap A)$ となる.

このとき，$A \subseteq V_{\lambda_1} \cup \cdots \cup V_{\lambda_p}$ が成り立つ. したがって，A はコンパクト部分集合である.

(b) $\Longrightarrow$ (a) を示す. A の A における<u>任意の</u>開被覆 $\{U_\lambda\}_{\lambda \in \Lambda}$ ($A = \bigcup_{\lambda \in \Lambda} U_\lambda$, U_λ は A の開集合) をとる. U_λ は A の開集合であるから，X の開集合 V_λ があって，$U_\lambda = V_\lambda \cap A$ となる. このとき，$A \subseteq \bigcup_{\lambda \in \Lambda} V_\lambda$ である. A はコンパクト部分集合だから，有限個の $\lambda_1, \ldots, \lambda_p$ が存在して，$A \subseteq V_{\lambda_1} \cup \cdots \cup V_{\lambda_p}$ となる. このとき，$A = (V_{\lambda_1} \cap A) \cup \cdots \cup (V_{\lambda_p} \cap A) = U_{\lambda_1} \cup \cdots \cup U_{\lambda_p}$ となる. したがって，A はコンパクト位相空間である.　　　　　　□

距離空間においては，コンパクトと点列コンパクトは同値な概念である. 次の定理 194 の証明は巻末の証明集にある.

4.3 位相空間のコンパクト集合 85

定理 194 (X, d) を距離空間とし，距離位相を考える．A を X の部分集合とする．このとき，A が X のコンパクト集合である必要十分条件は A が X の点列コンパクト集合であることである．

定義 195（**局所コンパクト**）X を位相空間とする．X が**局所コンパクト**とは，X の任意の点がコンパクトな近傍をもつことである．言い換えれば，任意の $a \in X$ に対し，a の近傍 N で N が X のコンパクト集合となるものが存在することである．

演習問題 196 $\mathbf{R}^m$ は局所コンパクトであることを示せ． ☺

◆ **例題 197（1 点コンパクト化）** $(X, \mathcal{O})$ を位相空間とし，X に属さない点 ∞ を考える．$\widetilde{X} = X \cup \{\infty\}$ に次のように位相を定める：$U \subseteq \widetilde{X}$ が $\widetilde{X}$ の開集合 $\Leftrightarrow$ 「$U \subseteq X$ かつ $U \in \mathcal{O}_X$，または，$\infty \in U$ かつ $U \cap X \in \mathcal{O}_X$ かつ $X \setminus U$ が X のコンパクト集合」

このとき，$\widetilde{X}$ に位相が定まること，さらに，$\widetilde{X}$ がコンパクト空間になることを示せ．

例題 197 の解答例. $\widetilde{X}$ に位相が定まること：

(1) $\emptyset \subset X$，$\emptyset \in \mathcal{O}_X$ が成り立っているから，空集合 $\emptyset$ は $\widetilde{X}$ の開集合である．また，$\infty \in \widetilde{X}$ であり，$\widetilde{X} \cap X = X \in \mathcal{O}_X$ であり，$X \setminus \widetilde{X} = \emptyset$ は X のコンパクト集合だから，$\widetilde{X}$ は $\widetilde{X}$ の開集合である．

(2) $U_1, \ldots, U_n$ を $\widetilde{X}$ の開集合とする．$U = \bigcap_{i=1}^n U_i$ とおく．$U \subseteq X$ か $\infty \in U$ のどちらかが成り立つ．

$U \subseteq X$ のとき，$U_1 \cap X, \ldots, U_n \cap X \in \mathcal{O}_X$ だから，$U = U \cap X \in \mathcal{O}_X$ である．よって，U は $\widetilde{X}$ の開集合である．

$\infty \in U$ のとき，∞ はすべての $U_1, \ldots, U_n$ に属する．すると，仮定から，$i = 1, \ldots, n$ について，$U_i \cap X \in \mathcal{O}_X$ であり，$X \setminus U_i$ は X のコンパクト集合である．よって，$U \cap X = \bigcap_{i=1}^n (U_i \cap X) \in \mathcal{O}_X$ であり，$X \setminus U = \bigcup_{i=1}^n (X \setminus U_i)$ は X の有限個のコンパクト集合の和集合だから X のコンパクト集合となる（☞ 例題 190）．よって，U は $\widetilde{X}$ の開集合である．

(3) U_λ $(\lambda \in \Lambda)$ を $\widetilde{X}$ の開集合とする．$U = \bigcup_{\lambda \in \Lambda} U_\lambda$ とおく．$U \subseteq X$ また

は $\infty \in U$ のどちらかである.

$U \subseteq X$ のとき,任意の $\lambda \in \Lambda$ に対して,$U_\lambda \subseteq X$ である.仮定から,$U_\lambda \in \mathcal{O}_X$ であるから,$U \in \mathcal{O}_X$ なので,U は $\widetilde{X}$ の開集合である.

$\infty \in U$ のとき,ある $\lambda_0 \in \Lambda$ が存在して,$\infty \in U_{\lambda_0}$ となっている.また仮定から,$\infty \in U_\lambda$ となる任意の $\lambda \in \Lambda$ について,$U_\lambda \cap X \in \mathcal{O}_X$ かつ $X \setminus U_\lambda$ が X のコンパクト集合である.一方,$\infty \notin U_\lambda$ となる任意の $\lambda \in \Lambda$ についても $U_\lambda \cap X \in \mathcal{O}_X$ である.よって,$U \cap X = \bigcup_{\lambda \in \Lambda}(U_\lambda \cap X) \in \mathcal{O}_X$ である.また,$X \setminus U$ はコンパクト集合 $X \setminus U_\lambda$ に含まれる X の閉集合なのでコンパクトである(☞ 例題 191).よって,U は $\widetilde{X}$ の開集合である.

$\widetilde{X}$ がコンパクト空間になること:$\{V_\lambda \mid \lambda \in \Lambda\}$ を $\widetilde{X}$ の開被覆とする.$\widetilde{X} = \bigcup_{\lambda \in \Lambda} V_\lambda$ である.ある $\lambda_0 \in \Lambda$ が存在して,$\infty \in V_{\lambda_0}$ である.任意の $\lambda \in \Lambda$ について,V_λ は $\widetilde{X}$ の開集合であるから,$V_\lambda \cap X \in \mathcal{O}_X$ であり,また,λ_0 については,$X \setminus V_{\lambda_0}$ は X のコンパクト集合である.いま,$X \setminus V_{\lambda_0} \subseteq \bigcup_{\lambda \in \Lambda}(V_\lambda \cap X)$ であるから,有限個の $\lambda_1, \dots, \lambda_r$ が存在して,$X \setminus V_{\lambda_0} \subseteq \bigcup_{i=1}^{r}(V_{\lambda_i} \cap X)$ となる.このとき,$\widetilde{X} = \bigcup_{j=0}^{r} V_{\lambda_j}$ となる.したがって,$\widetilde{X}$ はコンパクト空間である. □

4.4 ハウスドルフ空間,正則空間,正規空間

位相は,開集合のあり方で定まっている.開集合が多いか少ないか.点と点が,あるいは,点と集合が,あるいは,集合と集合が,開集合で「分離」できるか,分離できるぐらい開集合が多いかどうか,という性質を考えよう.はじめにハウスドルフ空間を説明しよう.ハウスドルフというのは数学者の名前である.位相空間の性質にもその名を残している.

定義 198 (ハウスドルフ空間) X を位相空間とする.X の任意の相異なる 2 点 $x, y \in X$,$x \neq y$ に対し,x の開近傍 U と y の開近傍 V が存在して,$U \cap V = \emptyset$ となるとき,X はハウスドルフ空間(あるいは単にハウスドルフ)であるという.

4.4 ハウスドルフ空間，正則空間，正規空間

参考図 ハウスドルフ空間では異なる 2 点は開近傍で分離される．

✔ **注意 199** ユークリッド空間は固有名詞であるが，ハウスドルフ空間というのは一般名詞である．位相空間であって，良い性質（異なる 2 点を分離できるぐらい開集合がたくさんあるという性質）をもつものの総称である．

距離空間はハウスドルフ空間になる：

定理 200 距離空間は，距離位相に関して，ハウスドルフ空間である．

実際，距離空間の異なる 2 点間の距離は正の数であるから，その 2 つの点について，その距離の 3 分の 1 の近傍をとればよい．定理 200 の詳しい証明は，巻末の証明集にある．

次に，正則空間と正規空間を説明する．

定義 201（**正則空間**） 位相空間 X が**正則空間**であるとは，次の 2 条件が両方とも成り立つときにいう：

(I) 任意の点 $y \in X$ と，y と異なる点 $z \in X$ に対し，y の開近傍 U で，$z \notin U$ であるものが存在する．

(II) 任意の点 $y \in X$ と，y を含まない X の閉集合 Z に対し，X の開集合 U, V で $y \in U, Z \subseteq V, U \cap V = \emptyset$ となるものが存在する．

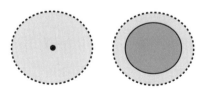

参考図 正則空間では，点とそれを含まない閉集合が開集合で分離できる．

◆ **例題 202** (1) X をハウスドルフ空間，$Z \subseteq X$ をコンパクト集合，$y \in X \setminus Z$ とする．このとき，X の解集合 U, V で条件 $y \in U, Z \subseteq V, U \cap V = \emptyset$ を満

たすものが存在することを示せ．

(2) コンパクトなハウスドルフ空間は正則空間であることを示せ．

例題 202 の解答例． (1) $z \in Z$ をとる．$y \neq z$ であり，X はハウスドルフ空間であるから，y の開近傍 U_z と z の開近傍 V_z が存在して，$U_z \cap V_z = \emptyset$ となる[5]．z を Z 上で動かして考えて，Z の開被覆 $\{V_z\}_{z \in Z}$ をとる．Z はコンパクトであるから，$\{V_z\}_{z \in Z}$ から Z の有限部分開被覆を選ぶことができる．すなわち，有限個の点 $z_1, \ldots, z_r$ をとって，$\{V_{z_i}\}_{i=1}^{r}$ を Z の開被覆とできる．$U = \bigcap_{i=1}^{r} U_{z_i}$ とおき，$V = \bigcup_{i=1}^{r} V_{z_i}$ とおく．すると，U は y の開近傍であり，V は Z を含む開集合であり，$U \cap V = \emptyset$ となる．

(2) X をコンパクトなハウスドルフ空間とする．

X がハウスドルフ空間だから，y, z が異なる X の点のとき，y の開近傍 U と z の開近傍 V があって $U \cap V = \emptyset$ となるが，そのUについて，$z \notin U$ なので，条件 (I) が成り立つ．

条件 (II) は，Z を X の閉集合とすると，Z はコンパクトだから (1) から従う．(☞ 例題 191) □

定義 203 (**正規空間**) 位相空間 X が**正規空間**であるとは，次の 2 条件がともに成り立つときにいう：

(1) 任意の点 $y \in X$ と，y と異なる点 $z \in X$ に対し，y の開近傍 U で，$z \notin U$ であるものが存在する．

(2) X の閉集合 Y, Z で $Y \cap Z = \emptyset$ であるものに対し，X の開集合 U, V で $Y \subseteq U, Z \subseteq V, U \cap V = \emptyset$ となるものが存在する．

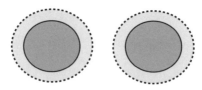

参考図 正規空間では，共有点がない 2 つの閉集合が開集合で分離できる．

---

[5] U_z と書いてあるが，z の近傍という意味ではなく，単に，z に依っていることを明示するために書いている（I 先生）．

4.4 ハウスドルフ空間, 正則空間, 正規空間　89

演習問題 204 コンパクトなハウスドルフ空間は正規空間であることを示せ. 😞

本章の最後に, コンパクト性とハウスドルフ性が融合した例題を解いてみよう.

◈ **例題 205** 次の問いに答えよ.

(1) X をコンパクト位相空間とし, $A \subseteq X$ を閉集合とするとき, A はコンパクトであることを示せ.

(2) $A \subseteq X$ をコンパクト部分集合とし, $f : X \to Y$ を連続写像とするとき $f(A)$ は Y のコンパクト部分集合であることを示せ.

(3) Y をハウスドルフ空間とし, $B \subseteq Y$ をコンパクト部分集合とするとき, B は Y の閉集合であることを示せ.

(4) X をコンパクト位相空間, Y をハウスドルフ位相空間とする. $f : X \to Y$ が全単射で連続とするとき, f は同相写像であることを証明せよ.

例題 205 の解答例. (1) $\{U_\lambda\}_{\lambda \in \Lambda}$ を A の開被覆とする: $A \subseteq \bigcup_{\lambda \in \Lambda} U_\lambda$ である. $U = X \setminus A$ は X の開集合である. よって, $\{U_\lambda\}_{\lambda \in \Lambda} \cup \{U\}$ は X の開被覆となる. X はコンパクトであるから, 有限部分被覆が存在する. したがって, 有限個の添字 $\lambda_1, \ldots, \lambda_r$ が存在して, $A \subseteq U_{\lambda_1} \cup \cdots \cup U_{\lambda_r}$ が成り立つ. ここで, U は必要ないことに注意する. したがって, A はコンパクト集合である.

(2) $f(A)$ の任意の開被覆 $\{V_\lambda\}_{\lambda \in \Lambda}$ をとる. f は連続であるから, $\{f^{-1}(V_\lambda)\}_{\lambda \in \Lambda}$ は A の開被覆となる. A はコンパクトであるから有限部分被覆が存在する. したがって, 有限個の添字 $\lambda_1, \ldots, \lambda_r$ が存在して, $A \subseteq f^{-1}(V_{\lambda_1}) \cup \cdots \cup f^{-1}(V_{\lambda_r})$ が成り立つ. このとき, $f(A) \subseteq V_{\lambda_1} \cup \cdots \cup V_{\lambda_r}$ が成り立つ. したがって, $f(A)$ は Y のコンパクト集合である.

(3) $Y \setminus B$ が Y の開集合であることを示す. 任意の点 $y \in Y \setminus B$ をとる. B の任意の点 b をとる. Y はハウスドルフであり, b と y は異なるから, b の開近傍 U_b と y の開近傍 V_b が存在して $U_b \cap V_b = \emptyset$ となる. $\{U_b\}_{b \in B}$ は B の開被覆で B はコンパクトだから, 有限個の $b_1, \ldots, b_r$ が存在して, $B \subseteq U_{b_1} \cup \cdots \cup U_{b_r}$ となる. そこで, $V = V_{b_1} \cap \cdots \cap V_{b_r}$ とおくと, V は y

の開近傍で $B \cap V \subseteq (\bigcup_{i=1}^{r} U_{b_i}) \cap (\bigcap_{i=1}^{r} V_{b_i}) \subseteq \bigcup_{i=1}^{r}(U_{b_i} \cap V_{b_i}) = \emptyset$ なので,$V \subseteq Y \setminus B$ が成り立つ.したがって,$Y \setminus B$ は Y の開集合である.よって B は Y の閉集合である.

(4) f の逆写像 $f^{-1} : Y \to X$ が連続であることを示せばよい.そのために,X の任意の開集合 U に対し,$(f^{-1})^{-1}(U)$(逆写像の逆像)が Y の開集合であることを示す.$(f^{-1})^{-1}(U) = f(U)$ である.実際,$y \in (f^{-1})^{-1}(U) \Leftrightarrow f^{-1}(y) \in U \Leftrightarrow (\exists x \in U, f(x) = y) \Leftrightarrow y \in f(U)$ である.いま,$A := X \setminus U$ は X の閉集合である.X はコンパクトだから,(1) により,A はコンパクト集合である.よって (2) から $f(A)$ は Y のコンパクト集合である.したがって (3) から $f(A)$ は Y の閉集合である.よって $Y \setminus f(A)$ は Y の開集合である.いま,f は全単射だから $Y \setminus f(A) = f(X) \setminus f(A) = f(U)$ である.よって $f(U)$ は Y の開集合である.したがって逆写像 f^{-1} は連続である.したがって f は同相写像である. $\square$

●余談● 位相のあたまとからだを鍛える.

I 先生：今日の授業は,位相空間のコンパクトの話をしたよ.そういえば,いま君はブラジル出張だったね.元気かい？

U 博士：そうですか.コンパクトは,説明がなかなか難しいですね.はい,元気です.今朝,国際会議でコンパクトな学術講演をしたところです.

I 先生：そうだね.任意になんでもいいから開被覆を考えて,という定義の部分がなかなかわかってもらえないね.とぽ次郎はすぐにわかってくれたようだけどね.とにかく元気に無事講演が終わってなりよりだ.コンパクトな講演という意味は不明だけどね.

U 博士：任意というのは目に見えないから難しいですね.とぽ次郎がまたひとりで授業に出たんですか？ すべての質問に対して有限の答えでカバーできた,といった意味です.

I 先生：数学はきちんとステップを踏んでいけばわかるようになるんだけどね.そうすると,位相のあたまを身につけられるのにね.うん.とぽ次郎には簡単で退屈な授業かもしれないけれど.

U 博士：数学も人生も,村上春樹の小説「ダンス・ダンス・ダンス」に

出てくる話と同じで，正しくステップを踏めばなんとかなるということですね．簡単なことでも繰り返しが大切．

I先生：正しくそしてコンパクトにね．そういえば，「数学は体力だ」という有名な言葉もある．体を鍛えるには，よく食べ，よく運動する必要がある．食べてばかりで運動しないのは良くないし，食べないで運動ばかりしても良くないし... 数学も同じ．よく学び，学んだことを使ってたくさん数学で遊ぶのが大切．

U博士：数学で遊ぶのが大切．なるほどそうですね．ところで，先生は何か体を鍛えていますか？

I先生：全然．最近は頭も鍛えていない．そういえば，いま君はブラジル出張だったね．元気かい？ こんなくだらない話をしていて大丈夫なのかい？ 時差もあるだろうし...

第5章

距離空間続論

「完備」「有界」「一様」という距離空間に特有な3つの話題について見てみよう．

5.1 完備

定義 206 (コーシー列)　距離空間 (X, d) 上の点列 $\{x_n\}$ がコーシー列であるとは，任意の $\varepsilon > 0$ に対して，番号 n_0 が存在して，$n_0 \leqq n, n_0 \leqq m$ ならば $d(x_n, x_m) < \varepsilon$ となることである．

定理 207　収束列はコーシー列である．

　距離空間 (X, d) 上の点列 $\{x_n\}$ $(n = 1, 2, \dots)$ が**収束する**，あるいは，**収束列である**とは，X の点 $a \in X$ が存在して，数列 $d(a, x_n)$ が 0 に収束することであった（☞ 点列の収束：定義 61）．

　言い換えれば，X の点 $a \in X$ が存在して，任意の $\varepsilon > 0$ に対して，番号 n_0 が存在して，$n_0 \leqq n$ ならば $d(a, x_n) < \varepsilon$ となることであった．定理 207 の証明は巻末の証明集にある．

　定理 207 の逆は一般には成立しない．つまり，距離空間 (X, d) によっては，X 上のコーシー列が収束するとは限らない（☞ 例 212）．

94 第5章 距離空間続論

定義 208（**完備集合，完備な距離空間**）　距離空間 (X, d) の部分集合 $A \subseteq X$ が**完備集合**とは，A 上のコーシー列が A の点に収束することである．

距離空間 (X, d) が**完備**とは，X 上のコーシー列が収束することである．

✔ **注意 209**　定義 208 で，A が距離空間 X の完備集合という条件は，A に X の距離を制限して，A 自体を距離空間と考えたときに，A が完備な距離空間になることと同じことである．

◆ **例 210**　付録 A の定理 291 により，$\mathbf{R}$（ユークリッド直線，1 次元ユークリッド空間）は完備である．

定理 291 を用いると次の定理を示すことができる．定理 211 の証明は巻末の証明集にある．

定理 211　ユークリッド空間 $\mathbf{R}^m$ は完備である．

◆ **例 212**（**完備でない距離空間の例**）　$X = \mathbf{R} \setminus \{0\}$ とおく．$\mathbf{R}$ 上のユークリッド距離 d を X 上に制限したものを d_X と表す．このとき，距離空間 (X, d_X) は完備でない．

実際，X 上の点列 $\{x_n\} = \{\frac{1}{n}\}$ はコーシー列であるが，X 上の収束列ではない．コーシー列であることは，$\mathbf{R}$ 上の収束列であることからわかる．X 上の収束列でないことは，$\mathbf{R}$ 上の極限値 0 が X に属さないことからわかる．

✔ **注意 213**　位相空間一般には，コーシー列や完備という概念はない（定義できない）．

完備距離空間の閉集合は距離空間として完備である．定理 214 の証明は巻末の証明集にある．

定理 214　(X, d) を完備距離空間とし，$F \subseteq X$ を閉集合とする．X の距離関数 $d: X \times X \to \mathbf{R}$ を $F \times F$ に制限して定めた距離を d_F とする（☞ 定理 59，☞ 写像の制限：B.3 節）．このとき，距離空間 (F, d_F) は完備である．

◆ **例 215**　ユークリッド空間 $\mathbf{R}^m$ は完備であるから，$\mathbf{R}^m$ の閉集合は（ユークリッド距離の制限に関して）完備である．

5.1 完備　　95

距離空間の点列コンパクト集合，あるいは，同じことだが，コンパクト集合を考える（☞ 定理 194）．次の定理 216 により，それらは完備集合となる．定理 216 の証明は巻末の証明集にある．

定理 216　(X, d) が距離空間で，$A \subseteq X$ が点列コンパクトならば A は完備である．

演習問題 217　(X, d) を有限個の点からなる距離空間とする．このとき，(X, d) は完備であることを示せ．☺

◆ **例題 218**　$(X, d_X), (Y, d_Y)$ を距離空間とする．$f : X \to Y$ が**縮小写像**とは，ある実定数 $L, 0 \leqq L < 1$ が存在して，任意の $x, x' \in X$ に対して，

$$d_Y(f(x), f(x')) \leqq L d_X(x, x')$$

が成り立つときにいう．また，同じ集合 X の間の写像 $f : X \to X$ について，点 $a \in X$ が f の**不動点**であるとは，$f(a) = a$ が成り立つことである．

さて，(X, d) を完備距離空間とし，$f : X \to X$ を縮小写像とする．このとき，f には不動点がただ 1 つ存在することを示せ．

例題 218 の証明.　$f : (X, d) \to (X, d)$ は縮小写像だから，ある実定数 L，$0 \leqq L < 1$ が存在して，任意の $x, x' \in X$ に対して，$d(f(x), f(x')) \leqq L d(x, x')$ が成り立っている．そのような L をとる．

不動点が存在すること：任意に 1 点 x_0 をとる．$x_1 = f(x_0)$, $x_2 = f(x_1), \ldots,$ $x_n = f(x_{n-1}), \ldots$ により定まる X 上の点列 $\{x_n\}$ を考える．$d(x_1, x_2) = d(f(x_0), f(x_1)) \leqq L d(x_0, x_1)$ が成り立つ．一般に，$d(x_n, x_{n+1}) = d(f(x_{n-1}), f(x_n)) \leqq L d(x_{n-1}, x_n) \leqq \cdots \leqq L^n d(x_0, x_1)$ が成り立つ．任意の n, m，$n < m$ に対して，$d(x_n, x_m) \leqq d(x_n, x_{n+1}) + d(x_{n+1}, x_m) \leqq d(x_n, x_{n+1}) + d(x_{n+1}, x_{n+2}) + \cdots + d(x_{m-1}, x_m) \leqq (L^n + L^{n+1} + \cdots + L^{m-1}) d(x_0, x_1) = L^n \frac{1 - L^{m-n}}{1 - L} d(x_0, x_1) \leqq L^n \frac{d(x_0, x_1)}{1 - L}$ が成り立つ．いま，任意の $\varepsilon > 0$ に対して，N が存在して，$N \leqq n < m$ ならば $L^n \frac{d(x_0, x_1)}{1 - L} < \varepsilon$ が成り立ち，したがって，$d(x_n, x_m) < \varepsilon$ が成り立つ．よって，$\{x_n\}$ はコーシー列である．(X, d) は完備距離空間だから，$\{x_n\}$ は X のある点 a に収束する．この

とき a は f の不動点である．実際，$x_{n+1} = f(x_n)$ だから，$0 \leqq d(x_{n+1},$ $f(a)) = d(f(x_n), f(a)) \leqq Ld(x_n, a) \to 0$ $(n \to \infty)$ となり，点列 $\{x_n\}$ は $f(a)$ にも収束することになる．したがって $f(a) = a$ となる．

不動点がただ1つであること：もし仮に $a, b \in X$ が両方とも f の不動点とすると，$f(a) = a$，$f(b) = b$ であるから，$d(a, b) = d(f(a), f(b)) \leqq Ld(a, b)$ となる．もし $a \neq b$ と仮定すると，$d(a, b) > 0$ であるから，$1 \leqq L$ となり，L のとり方に矛盾する．したがって，$a = b$ となり，不動点はただ1つである．□

5.2 有界

定義 219（距離空間の有界部分集合）(X, d) を距離空間とし，$A \subseteq X$ を部分集合とする．A が**有界**である，（あるいは，A が X の**有界集合**である）とは，点 $c \in X$ と正実数 $R > 0$ が存在して，A が c を中心とした R-近傍 $B(c, R)$ に含まれるときにいう．

演習問題 220 (X, d) を距離空間とし，$A \subseteq X$ を有界な部分集合，$b \in X$ とする．このとき，$R' > 0$ が存在して，$A \subseteq B(b, R')$ となることを示せ．☺

◆ **例題 221** (X, d) を距離空間，$A \subseteq X$ をコンパクトな部分集合とする．このとき A は X の有界集合であることを示せ．

例題 221 の解答例. A の開被覆 $\{B(x, 1) \mid x \in A\}$ を考える：$B(x, 1)$ は x を中心とする 1-近傍である．$A \subseteq \bigcup_{x \in A} B(x, 1)$ である．

A はコンパクトであるから，有限個の点 $x_1, \ldots, x_r$ が存在して，$A \subseteq \bigcup_{i=1}^{r} B(x_i, 1)$ となる．$c = x_1$ とおき，$R = \max\{d(c, x_i) + 1 \mid i = 1, 2, \ldots, r\}$ とおくと，$A \subseteq B(c, R)$ が成り立つ．実際，任意の $x \in A$ をとる．ある i $(1 \leqq i \leqq r)$ が存在して，$x \in B(x_i, 1)$ となる．$d(x_i, x) < 1$ であるから，

$$d(c, x) \leqq d(c, x_i) + d(x_i, x) < d(c, x_i) + 1 \leqq R$$

が成り立つ．したがって，$x \in B(c, R)$ である．よって，$A \subseteq B(c, R)$ が成り立つ．

よって A は有界集合である．□

5.2 有界　　97

例題 221 の別解. 距離空間のコンパクト部分集合は点列コンパクトであること（☞ 定理 194）を用いる. A をコンパクトな部分集合とする. A が有界でないと仮定して矛盾を導こう.

　$c \in X$ と $n = 1, 2, 3, \ldots$ に対して, c を中心とした n-近傍 $B(c, n)$ を考える. A が有界でない, という仮定から $A \not\subseteq B(c, n)$ である. $A \setminus B(c, n) \neq \emptyset$ であるから, したがって, $x_n \in A$ かつ $d(c, x_n) \geqq n$ となる点列 x_n をとることができる. x_n は A 上の点列であり, A は点列コンパクトだから, ある部分列 $\{x_{n_p}\}$ は A のある点 $a \in A$ に（$p \to \infty$ のとき）収束するはずである. ところが,

$$d(a, x_{n_p}) \geqq d(c, x_{n_p}) - d(c, a) \geqq n_p - d(c, a) \geqq p - d(c, a) \to \infty$$

であり, これは, $d(a, x_{n_p})$ が 0 に収束することに矛盾する.

　したがって, A は有界である. □

演習問題 222　距離空間の有限部分集合は有界閉集合であることを示せ. ◡

定義 223（距離空間の全有界集合）　距離空間 (X, d) の部分集合 $A \subseteq X$ が**全有界**とは, 任意の $\varepsilon > 0$ に対して, A の有限個の点 $x_1, \ldots, x_r$ が存在して, $A \subseteq \bigcup_{i=1}^{r} B(x_i, \varepsilon)$ とできるときにいう.

◆ **例題 224**　距離空間のコンパクト集合は全有界であることを示せ.

例題 224 の解答例. (X, d) を距離空間とし, $A \subseteq X$ をコンパクト集合とする.

　任意に $\varepsilon > 0$ をとる. 各点 $x \in A$ について, X での x を中心とする ε-近傍 $B(x, \varepsilon)$ を考える. $\{B(x, \varepsilon) \mid x \in A\}$ は A の開被覆, $A \subseteq \bigcup_{x \in A} B(x, \varepsilon)$ である.

　A はコンパクト集合であるから, A の有限個の点 $x_1, \ldots, x_r$ が存在して, $A \subseteq \bigcup_{i=1}^{r} B(x_i, \varepsilon)$ が成り立つ. したがって A は全有界な部分集合である. □

定義 225（有界距離空間, 全有界距離空間）　距離空間 (X, d) が**有界**であるとは, X 自体が X の有界集合であるときにいう. 言い換えると, ある $c \in X$

98　　第 5 章　距離空間続論

と $R > 0$ が存在して，$X = B(c, R)$ となること，さらに言い換えると，ある $c \in X$ と $R > 0$ が存在して，任意の $x \in X$ に対して $d(c, x) < R$ となることである．

また，距離空間 (X, d) が**全有界**であるとは，X 自体が X の全有界集合であるときにいう．

◆ **例 226**　ユークリッド空間 $\mathbf{R}^m$ は有界でない．$A \subseteq \mathbf{R}^m$ を有界集合とし，A にユークリッド距離を制限して距離空間とみたとき，A は有界な距離空間である．

演習問題 227　(X, d) を有界な距離空間とする．X の**直径** $d(X)$ を

$$d(X) := \sup\{d(x, y) \mid x, y \in X\}$$

により定める．このとき，$d(X) < \infty$ であることを示せ．☺

演習問題 228　距離空間の全有界な部分集合は有界であることを示せ．☹

◆ **例 229**　一般に，有界な集合が全有界であるとは限らない．

たとえば，X を無限集合とし，$d : X \times X \to \mathbf{R}$ を，任意の $x, y \in X$ に対して，

$$d(x, y) := \begin{cases} 1 & (x \neq y) \\ 0 & (x = y) \end{cases}$$

と定める．d は X 上の距離関数であることがわかる．このとき距離空間 (X, d) は有界であるが，全有界ではない．

実際，任意に $c \in X$ をとると，任意の $x \in X$ に対し，$d(c, x) \leqq 1 < 2$ であるから，$B(c, 2) = X$ である．したがって，X は有界である．

また，X が全有界であると仮定する．正数 ε を $\varepsilon < 1$ と選ぶ．仮定から，X の有限個の点 $x_1, \ldots, x_r$ が存在して $\bigcup_{i=1}^{r} B(x_i, \varepsilon) = X$ となるはずであるが，距離の定め方から $B(x_i, \varepsilon) = \{x_i\}$ である．よって，$\{x_1, \ldots, x_r\} = X$ となるはずである．しかし，これは X が無限集合であるという仮定に矛盾する．したがって，X は全有界でない．

次の定理は，距離空間におけるコンパクト集合を特徴付ける定理である．定理 230 の証明は巻末の証明集にある．

5.3 一様連続 99

定理 230　(X, d) を距離空間とし，$A \subseteq X$ とする．このとき，A に関する次の3つの条件はお互いに同値である：

(1) A は X のコンパクト集合である．

(2) A は X の点列コンパクト集合である．

(3) A は X の全有界集合かつ完備集合である．

◆ 例題 231　(X, d_X) をコンパクトな距離空間とする．$\{U_\lambda \mid \lambda \in \Lambda\}$ を X の開被覆とする．このとき，$\delta > 0$ が存在して，任意の $A \subseteq X$ について次が成り立つ，すなわち，直径 $d(A) := \sup\{d_X(x, x') \mid x, x' \in A\}$ が δ より小ならば，ある $\lambda \in \Lambda$ があって，$A \subseteq U_\lambda$ となる（**ルベーグの被覆定理**）．このことを証明せよ．

✔ 注意 232　ルベーグの被覆定理の結論部分は論理記号で表すと「$\exists \delta > 0,$ $\forall A \subseteq X, d(A) < \delta \Longrightarrow (\exists \lambda \in \Lambda, A \subseteq U_\lambda)$」となる．

例題 231 の解答例. 任意の $x \in X$ に対し，$\lambda = \lambda(x) \in \Lambda$ が存在して，$x \in U_{\lambda(x)}$ となる．$U_{\lambda(x)}$ は開集合だから，$\delta(x) > 0$ が存在して，$B(x, \delta(x)) \subseteq U_{\lambda(x)}$ が成り立つ．X の開被覆 $\{B(x, \frac{\delta(x)}{2})\}$ を考える．X はコンパクトだから，有限個の点 $x_1, \ldots, x_r \in X$ が存在して，$X = \bigcup_{i=1}^{r} B(x_i, \frac{\delta(x_i)}{2})$ となる．$\delta := \min\{\frac{\delta(x_1)}{2}, \ldots, \frac{\delta(x_r)}{2}\}$ とおくと，$\delta > 0$ である．いま $A \subseteq X$ が $d(A) < \delta$ を満たすとする．$a \in A$ をとれば，$A \subseteq B(a, \delta)$ となる．このとき $a \in B(x_i, \frac{\delta(x_i)}{2})$ となる $1 \leqq i \leqq r$ が存在する．$d(a, x_i) < \frac{\delta(x_i)}{2}$ である．$\lambda = \lambda(x_i)$ とおく．さて，$x \in A$ を任意にとったとき，$d(a, x) < \delta$ であるから，

$$d(x, x_i) \leqq d(x, a) + d(a, x_i) < \delta + \frac{\delta(x_i)}{2} < \delta(x_i)$$

となる．よって，$x \in U_{\lambda(x_i)} = U_\lambda$ となる．（番号 i は x に依存しない，したがって $\lambda = \lambda(x_i)$ は x に依存しないこと注意する．）よって，$A \subseteq U_\lambda$ となる．□

5.3　一様連続

距離空間から距離空間への写像の話である．

100　　　第 5 章　距離空間続論

定義 233（**一様連続写像**）　距離空間 (X, d_X) から距離空間 (Y, d_Y) への写像 $f : X \to Y$ が**一様連続**とは，任意の $\varepsilon > 0$ について，$\delta > 0$ が存在して，任意の $x \in X$ について，$f(B_X(x, \delta)) \subseteq B_Y(f(x), \varepsilon)$ が成り立つことである.

✔ **注意 234**　$B_X(x, \delta)$ は x の X における δ-近傍である. 同様に, $B_Y(f(x), \varepsilon)$ は $f(x) \in Y$ の Y における ε-近傍である. したがって，$f(B_X(x, \delta)) \subseteq B_Y(f(x), \varepsilon)$ という式は, 言い換えると,「$x' \in X, d_X(x', x) < \delta$ ならば, $d_Y(f(x'), f(x)) < \varepsilon$」となる.

　ちなみに, f が連続とは，任意の $x \in X$ について，任意の $\varepsilon > 0$ に対し, $\delta > 0$ が存在して，$f(B(x, \delta)) \subseteq B(f(x), \varepsilon)$ が成り立つことであった（☞ 距離空間の間の連続写像：定義 104, 定理 105）.

　一様連続の定義 233 において，正数 $\delta > 0$ が，（ε には依存するが）点 x に依存しない，つまり，<u>一様</u>にとることができる，というのがキーポイントである. だから，一様連続とよぶのである.

✔ **注意 235**　一様連続の概念は，X, Y の距離を使っているので，一般の位相空間では定まらない（一般の位相空間では考えられない）.

　一様連続性について次の定理が成り立つ. 定理 236 の証明は巻末の証明集にある.

定理 236　X をコンパクト距離空間, Y を距離空間とする. このとき，任意の連続写像 $f : X \to Y$ は一様連続である（☞ コンパクト：定義 188）.

◆ **例 237**　写像 $f : \mathbf{R} \to \mathbf{R}$ を $f(x) = x^2$ で定めると，f は連続写像であるが，f は一様連続ではない.

　f が連続写像であることは既知[1]であろう. 念のため具体的な証明を付ける. 任意の $a \in \mathbf{R}$ をとる. $|x^2 - a^2| = |x + a||x - a|$ である. 区間 $[a - 1, a + 1]$ での連続関数 $|x + a|$ の最大値を M とするとき，任意の $\varepsilon > 0$ に対して，$\delta = \min\{\frac{\varepsilon}{M}, 1\}$ とおくと，$|x - a| < \delta$ ならば,

$$|f(x) - f(a)| = |x + a||x - a| < M\delta \leqq \varepsilon$$

となり，f は連続であることがわかる.

---

[1] たとえば，$g(x) = x$ は連続で，連続関数の積も連続であるから，などと説明できる（U 博士）.

5.4 一様収束　　101

次に，$f(x) = x^2$ が **R** 上で一様連続でないことを示すために，一様連続であると仮定して矛盾を導こう．f が一様連続である，すなわち，「任意の $\varepsilon > 0$ に対し，$\delta > 0$ が存在し，任意の $a \in \mathbf{R}$ と任意の $x \in \mathbf{R}$ について，$|x - a| < \delta$ ならば $|x^2 - a^2| < \varepsilon$」が成り立つと仮定しよう．

$x = a + \frac{\delta}{2}$ とおく．すると，$|x^2 - a^2| = |(a + \frac{\delta}{2})^2 - a^2| = |a\delta + \frac{\delta^2}{4}|$ となる．そこで，$a = \frac{\varepsilon}{\delta}$ ととると，

$$|x^2 - a^2| = \left| a\delta + \frac{\delta^2}{4} \right| = \varepsilon + \frac{\delta^2}{4} > \varepsilon$$

となり，$|x^2 - a^2| < \varepsilon$ に矛盾する．したがって，$f(x) = x^2$ は **R** 上で一様連続でない．

5.4 一様収束

集合あるいは位相空間から距離空間への写像列の話である．

定義 238（**一様収束**）　$f_n : X \to Y$ を集合 X から 距離空間 (Y, d_Y) への写像の列 $(n = 1, 2, 3, \dots)$ とする．写像列 f_n が写像 $f : X \to Y$ に**各点収束する**とは，任意の $x \in X$ について，Y 上の点列 $f_n(x)$ が $f(x)$ に収束するときにいう（☞ 点列の収束：定義 61）．すなわち，任意の $\varepsilon > 0$ と任意の $x \in X$ について，番号 N が存在して，$N \leqq n$ ならば $d_Y(f(x), f_n(x)) < \varepsilon$ が成り立つときである．このとき，$f = \lim_{n \to \infty} f_n$ と書き，f_n の**極限**あるいは**極限写像**とよぶ．(Y, d_Y) が 1 次元ユークリッド空間 **R** の場合は，**極限関数**とよぶ場合もある．

写像列 $\{f_n\}$ が写像 $f : X \to Y$ に**一様収束する**とは，任意の $\varepsilon > 0$ について，番号 N が存在して，任意の $x \in X$ について，$N \leqq n$ ならば

$$d_Y(f(x), f_n(x)) < \varepsilon$$

が成り立つときにいう．

✔ 注意 239　上の一様収束の定義で，番号 N が，（ε には依存するが）点 x には依存しない，つまり，一様にとることができる，というのがキーポイントである．だから，一様収束とよぶのである．

102   第 5 章　距離空間続論

　連続写像の列が一様収束するとき，極限写像も連続写像である．定理 240
の証明は巻末の証明集にある．

――――――――――――――――――――――――――――――――――――
| 定理 240 |　X を位相空間，(Y, d_Y) を距離空間とする．連続写像の列 $f_n :$
$X \to Y$ が一様収束するならば，その極限写像 $f : X \to Y$ は連続写像である．

╭───╮

●**余談**●　グロモフ・ハウスドルフ距離の話．

　I 先生と U 博士が研究室でお茶を飲みながら議論しています．

I 先生：授業で出題する演習問題の件で，この前，言い忘れていたけど，
ハウスドルフ距離というものがあるね．(X, d) を距離空間として，A, B
を X の部分集合としたとき，

$$d_X(A, B) := \inf\{\varepsilon > 0 \mid \forall x \in A(\exists y \in B, d(y, x) < \varepsilon),\ \text{かつ},$$
$$\forall y \in B(\exists x \in A, d(x, y) < \varepsilon)\}$$

とおくと，X 上のべき集合の上の距離になるわけだが…

U 博士：はい．でも $d_X(A, B)$ の値は一般には有限にならないから，距
離にはならないですね．

I 先生：まあ，それはそれとして，それをもとに距離空間どうしの距離
を考える．

U 博士：つまり，X, Y を距離空間として，任意の距離空間 Z と任意の等長
写像 $i : X \to Z$ と $j : Y \to Z$ についてハウスドルフ距離 $d_Z(i(X), j(Y))$
を考えて，Z, i, j を動かして下限をとるわけですね．

I 先生：そう．それがグロモフ・ハウスドルフ距離だ．それで，いま，平
面の格子点を考えるね．

U 博士：ホワイトボードに書きますね．はい，格子 $\mathbf{Z}^2 \subset \mathbf{R}^2$ を考える．
図を書きます．

I 先生：$\mathbf{R}^2$ の通常のユークリッド距離を d として，それを $\mathbf{Z}^2$ に制限し
て，正の実数 $\varepsilon > 0$ について $d_\varepsilon(x, y) := \varepsilon d(x, y)$ という新しい距離を $\mathbf{Z}^2$
上に考える．

U 博士：$x, y \in \mathbf{Z}^2$ ですね．たとえば，$d_\varepsilon((0, 0), (1, 0)) = \varepsilon$ ですね．

I 先生：うん．要するに，後ずさりして遠くから黒板に書かれた格子点を見

╰───╯

る，ドローンを使って上空から撮影する，という感じ．そうしたら，格子の目が消えて，平面に見えるよね．だから，$(\mathbf{Z}^2, d_\varepsilon) \to (\mathbf{R}^2, d)$ $(\varepsilon \to +0)$ というわけさ．

U博士：遠くからホワイトボードに書かれた格子を見るんですね．なるほど．でも厳密に示すのは難しいんじゃないですか？ 授業では取り上げられませんね．

I先生：そうかな… 距離空間についてのよい演習問題になると思うんだがな… 残念だな．

U博士：まず，$\mathbf{Z} \subset \mathbf{R}$ で演習問題を作ってみましょうか．

演習問題 241 $(\mathbf{R}, d)$ を 1 次元ユークリッド空間とし，$\mathbf{Z} \subset \mathbf{R}$ を整数全体の作る部分集合とする．任意の $\varepsilon > 0$ について，$\mathbf{R}$ 上の距離 d_ε を $d_\varepsilon(x,y) := \varepsilon d(x,y)$ により定め，また，写像 $i_\varepsilon : \mathbf{Z} \to \mathbf{R}$ を $i_\varepsilon(n) := \varepsilon n$ で定めるとき，次の問いに答えよ．

(1) i_ε は距離空間 $(\mathbf{Z}, d_\varepsilon)$ から距離空間 $(\mathbf{R}, d)$ への写像として等長写像であることを示せ．

(2) 任意の $\varepsilon > 0$ と任意の $y \in \mathbf{R}$ について，$n \in \mathbf{Z}$ が存在して，$d(i_\varepsilon(n), y) < \varepsilon$ となることを示せ．

(3) $(\mathbf{Z}, d_\varepsilon)$ と $(\mathbf{R}, d)$ の間のグロモフ・ハウスドルフ距離 $d_{GH}((\mathbf{Z}, d_\varepsilon),$

$(\mathbf{R}, d))$ が $\varepsilon \to +0$ のとき，0 に収束することを示せ．

I 先生：う〜ん．これだとイメージが湧きづらいな．できれば，$\mathbf{Z}^m \subset \mathbf{R}^m$ で考えたい．

U 博士：$\mathbf{Z}^m \subset \mathbf{R}^m$ だと，もっとイメージが湧きづらいですよ．

I 先生：そだね．

第6章

位相空間続論

第3章,第4章に引き続き,位相空間に関する発展的な話題を説明する.より抽象的な話になるが,敬遠しないで,面倒がらずに,真剣に読み進めてほしい.

6.1 位相の生成,位相の強弱

集合 X の上の位相とは, X の部分集合の集合 $\mathcal{O}$ で,開集合系の条件を満たすもののことであった (☞ 開集合系の公理：定義111).

本節では,同じ集合の上の複数の位相を比べたり,位相をいろいろと構成したりすることを考える.

定義 242 X を集合とし, $\mathcal{S}$ を X の部分集合からなる族 (つまり X の部分集合の集合) とする.仮に, $\mathcal{S}$ を含むように位相を決めるとすると,各 $S \in \mathcal{S}$ が開集合になるから, $S_1, \ldots, S_r \in \mathcal{S}$ (有限個) に対して, $S_1 \cap \cdots \cap S_r$ も開集合になる.また, $S_\lambda \in \mathcal{S}$ ($\lambda \in \Lambda$) (無限個でもよい) について, $\bigcup_{\lambda \in \Lambda} S_\lambda$ も開集合になる.上のように, $\mathcal{S}$ の要素をすべて開集合としたとき必然的に開集合になるべき部分集合をすべて集めてきたものに,さらに $\emptyset$ と X を加えてできる位相を $\mathcal{S}$ で**生成される位相**とよぶ.

$\mathcal{S}$ で生成される位相 $\mathcal{O}$ について, $\mathcal{S} \subseteq \mathcal{O}$ が成り立つことに注意する.

✔ **注意 243** $\mathcal{S}$ で生成される位相 $\mathcal{O}$ は, $\mathcal{S}$ を含む位相たちの中で最弱な位相

106   第 6 章　位相空間続論

である（☞ 位相の強弱：定義 248）．

定義 244（**準基，準開基**）　$(X, \mathcal{O})$ を位相空間とする．位相 $\mathcal{O}$ が $\mathcal{S}$ で生成される位相であるとき，$\mathcal{S}$ を位相 $\mathcal{O}$ の**準基**あるいは**準開基**とよぶ．

定義 245（**基，開基**）　$(X, \mathcal{O})$ を位相空間とする．X の部分集合からなる族 $\mathcal{B}$ が位相 $\mathcal{O}$ の**基**あるいは**開基**であるとは，任意の開集合 $U \in \mathcal{O}$ が，ある集合 $B_\lambda \in \mathcal{B}$ の族 $(\lambda \in \Lambda)$ をとれば，$U = \bigcup_{\lambda \in \Lambda} B_\lambda$ と表されるときにいう．

✔ **注意 246**　位相 $\mathcal{O}$ の準開基 $\mathcal{S}$ に対して，$S_1, \ldots, S_r \in \mathcal{S}$（有限個）をとって $S_1 \cap \cdots \cap S_r$ と表されるような集合の集合 $\mathcal{B} = \{S_1 \cap \cdots \cap S_r \mid r$ は正の整数，$S_1, \ldots, S_r \in \mathcal{S}\}$ は開基となる．

　開基は準開基である．

◆ **例 247**　(X, d) を距離空間とし，$\mathcal{O}$ を，その距離位相とする（☞ 距離位相：例 114）．このとき，

$$\mathcal{B} = \{B(x, \delta) \mid x \in X, \ \delta > 0\}$$

（x は X の点すべてを動き，δ の正の数すべてを動く）は，$\mathcal{O}$ の開基である．

定義 248（**位相の強弱，細かい粗い**）　$\mathcal{O}_1$ と $\mathcal{O}_2$ をそれぞれ集合 X 上の位相とする．$\mathcal{O}_2 \subseteq \mathcal{O}_1$ のとき，位相 $\mathcal{O}_2$ は位相 $\mathcal{O}_1$ **より弱い**，あるいは，**より粗い**，という．位相 $\mathcal{O}_1$ は位相 $\mathcal{O}_2$ **より強い**，あるいは，**より細かい**，ともいう．

◆ **例題 249**　集合 X 上の位相 $\mathcal{O}_1$ が位相 $\mathcal{O}_2$ より強いとする．2 つの位相空間 $(X, \mathcal{O}_1), (X, \mathcal{O}_2)$ を考える．このとき，恒等写像 $\mathrm{id}_X : (X, \mathcal{O}_1) \to (X, \mathcal{O}_2)$ が連続写像であることを示せ．

例題 249 の解答例.　$U \in \mathcal{O}_2$ とする．このとき，$\mathrm{id}_X^{-1}(U) = U \in \mathcal{O}_1$ である．よって，$\mathrm{id}_X : (X, \mathcal{O}_1) \to (X, \mathcal{O}_2)$ は連続写像である．　□

6.2　直積位相

　一般に，X と Y を位相空間としたときに，直積集合 $X \times Y$ に入れるべき自然な位相を考える．

6.2 直積位相

定義 250（直積位相） $(X, \mathcal{O}_X), (Y, \mathcal{O}_Y)$ を位相空間とする．

$$\mathcal{B} := \{U \times V \mid U \in \mathcal{O}_X, V \in \mathcal{O}_Y\}$$

により生成される $X \times Y$ 上の位相 $\mathcal{O}_{X \times Y}$ を位相空間 X と位相空間 Y の**直積位相**とよぶ．

定義 250 は，$X \times Y$ の開集合とは何か，ということの定義を間接的に与えている．そこで，実際にどういう集合が開集合になるのか，ということを見るために，補足説明をしよう．

まず，$\mathcal{B}$ に属するような部分集合，すなわち，X のある開集合 U と Y のある開集合 V との直積 $U \times V \subseteq X \times Y$ は開集合である，と宣言している．このとき，このような種類の開集合が有限個あったとき，それらの共通部分も開集合になるように要請される（☞ 開集合系の公理：定義 111 (2)）．しかし，たとえば $\mathcal{B}$ に属する 2 個の部分集合については，

$$(U_1 \times V_1) \cap (U_2 \times V_2) = (U_1 \cap U_2) \times (V_1 \cap V_2)$$

なので，共通部分も $\mathcal{B}$ に属することがわかる．

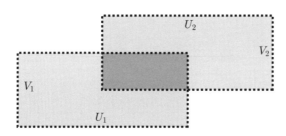

参考図 開集合の直積の 2 つの共通部分は開集合の直積．

$\mathcal{B}$ に属する任意の有限個の部分集合たちについても，共通部分は $\mathcal{B}$ に属する．したがって，$\mathcal{B}$ で生成される開集合系 $\mathcal{O}_{X \times Y}$ に属する部分集合，つまり，直積位相に関する開集合とは，$\mathcal{B}$ に属する（任意の濃度の）$U \times V$ というタイプの集合の和集合として表される集合，ということになるのである．したがって，$\mathcal{B}$ は直積位相の開基である．

|定理 251| X, Y を位相空間とし，$W \subseteq X \times Y$ を直積集合 $X \times Y$ の部分集合とする．このとき，W に関する次の 2 条件は互いに同値である：

(i) W は $X \times Y$ の直積位相に関する開集合，すなわち，X の開集合の族 $U_\lambda\ (\lambda \in \Lambda)$ と Y の開集合の族 $V_\lambda\ (\lambda \in \Lambda)$（添字集合 Λ は共通）が存在して，
$$W = \bigcup_{\lambda \in \Lambda}(U_\lambda \times V_\lambda)$$
が成り立つ．

(ii) 任意の $z = (x, y) \in W$ に対して，x の X における開近傍 U と y の Y における開近傍 V が存在して，$U \times V \subseteq W$ が成り立つ．

定理 251 の証明は巻末の証明集にある．

✓ **注意 252** ちなみに，定義 250 の直積位相の開基 $\mathcal{B}$ は，$\mathcal{O}_X$ と $\mathcal{O}_Y$ の（集合としての）直積 $\mathcal{O}_X \times \mathcal{O}_Y$ とは異なる．実際，$\mathcal{B}$ の要素は，$U \times V$ という $X \times Y$ の部分集合であるが，$\mathcal{O}_X \times \mathcal{O}_Y$ の要素は，あくまで順序対 (U, V) のことであって明らかに違う．ともかく，開集合になってしかるべき部分集合の集まり $\mathcal{B}$ だけでは残念ながら位相にはならないので，$\mathcal{B}$ によって生成される位相を直積位相と定めているのである．

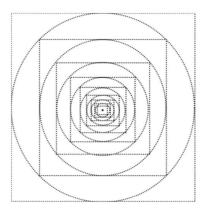

参考図 丸が $\mathbf{R}^2$ の δ-近傍からなる基本近傍系，四角が $\mathcal{B}$ に属する直積位相の基本近傍系．

◆ **例題 253** 1 次元ユークリッド空間（直線）$\mathbf{R}$ のユークリッド距離位相と 1 次元ユークリッド空間（直線）$\mathbf{R}$ のユークリッド距離位相の直積位相を $\mathcal{O}_1$

6.2 直積位相　　109

とし，2次元ユークリッド空間（平面）$\mathbf{R}^2$ 上のユークリッド距離位相を $\mathcal{O}_2$ とするとき，$\mathcal{O}_1 = \mathcal{O}_2$ となることを示せ.

例題 253 の解答例. まず $\mathcal{O}_1 \subseteq \mathcal{O}_2$ を示す：任意に $W \in \mathcal{O}_1$ をとる. 任意に $\boldsymbol{x} = (x_1, x_2) \in W$ をとる. $\mathbf{R}$ における x_1 の開近傍 U と x_2 の開近傍 V が存在して，$U \times V \subseteq W$ となる. $\delta > 0$ が存在して，正方形 $S = (x_1 - \delta, x_1 + \delta) \times (x_2 - \delta, x_2 + \delta)$ が W に含まれる. すると $\mathbf{R}^2$ 上のユークリッド距離に関する x の δ-近傍（開円板）$B(x, \delta)$ について，$B(x, \delta) \subseteq S \subseteq W$ となる. つまり，任意の $x \in W$ に対して $\delta > 0$ が存在して $B(x, \delta) \subseteq W$ となるので W は $\mathbf{R}^2$ のユークリッド距離位相の開集合，すなわち，$U \in \mathcal{O}_2$ となり，$\mathcal{O}_1 \subseteq \mathcal{O}_2$ が成り立つ.

次に $\mathcal{O}_2 \subseteq \mathcal{O}_1$ を示す：任意に $W \in \mathcal{O}_2$ をとる. 任意に $\boldsymbol{x} = (x_1, x_2) \in W$ をとる. $\delta > 0$ が存在して，開円板 $B(x, \delta) \subseteq W$ となる. $\delta' = \delta/2$ とおく. すると，正方形 $S' = (x_1 - \delta', x_1 + \delta') \times (x_2 - \delta', x_2 + \delta')$ は $B(x, \delta)$ に含まれるから，$S' \subseteq W$ となる. したがって，W は直積位相に関する開集合であり $W \in \mathcal{O}_1$ となる. したがって，$\mathcal{O}_2 \subseteq \mathcal{O}_1$ が成り立つ.

以上により $\mathcal{O}_1 = \mathcal{O}_2$ となる. □

直積位相とコンパクト性を組み合わせた例題を紹介したい. そのために，用語を説明する.

定義 254（**閉写像**）　位相空間 X, Y の間の写像 $f : X \to Y$ が**閉写像**であるとは，X の任意の閉集合 F について，像 $f(F)$ が Y の閉集合となることである.

◆ 例題 255　X をコンパクト位相空間，Y を位相空間とする. このとき，射影 $\pi : X \times Y \to Y, \pi(x, y) = y$ が閉写像であること（つまり，$X \times Y$ の任意の閉集合 Z について，$\pi(Z)$ が Y の閉集合であること）を示せ（☞ コンパクト：定義 188，☞ 閉集合の特徴付け：定理 129）.

例題 255 の解答例. $Y \setminus \pi(Z)$ が Y の開集合であることを示す. 任意に $y_0 \in Y \setminus \pi(Z)$ をとる. 任意の $x \in X$ について，点 $(x, y_0) \in X \times Y$ を考える. $\pi(x, y_0) = y_0 \notin \pi(Z)$ だから，$(x, y_0) \notin Z$ である. Z は $X \times Y$ の

閉集合であるから，$(X \times Y) \setminus Z$ は $X \times Y$ の開集合である．したがって，x の X における開近傍 U_x と y_0 の Y における開近傍 V_x が存在して，$(x, y_0) \in U_x \times V_x \subseteq (X \times Y) \setminus Z$ となる．（いま y_0 は固定されていて，U, V が点 x を X 上で動かしたとき x に依存してとれるので，それを示すために添字に x を付けている．）いま，X の開被覆 $\{U_x \mid x \in X\}$ を考えると，X はコンパクトであるから，有限個の点 $x_1, \ldots, x_r \in X$ があって，X は有限部分被覆 $U_{x_1}, \ldots, U_{x_r}$ で覆われる．そこで，

$$V = V_{x_1} \cap \cdots \cap V_{x_r}$$

とおく．このとき，V は y_0 の開近傍で，$V \subseteq \pi(Z)$ となる．実際，任意の $y \in V$ と任意の $x \in X$ をとると，ある i, $1 \leqq i \leqq r$ があって，$x \in U_{x_i}$ であるから，$(x, y) \in U_{x_i} \times V_{x_i} \subseteq (X \times Y) \setminus Z$ となり，$(x, y) \notin Z$ である．よって，$y \notin \pi(Z)$ となる．したがって，$y_0 \in V \subseteq (Y \setminus \pi(Z))$ となり，$Y \setminus \pi(Z)$ が Y の開集合，すなわち，$\pi(Z)$ が Y の閉集合であることが示される． $\square$

演習問題 256 Y をハウスドルフ空間とする．このとき，対角線集合 $\Delta_Y = \{(y, y) \in Y \times Y \mid y \in Y\}$ は $Y \times Y$ の閉集合であることを示せ．（ただし，直積集合 $Y \times Y$ には直積位相を入れるものとする．）☹

◆ **例題 257（直積距離）** $(X, d_X), (Y, d_Y)$ を距離空間とする．$d : (X \times Y) \times (X \times Y) \to \mathbf{R}$ を

$$d((x, y), (x', y')) := \sqrt{d_X(x, x')^2 + d_Y(y, y')^2}$$

により定める．次の問いに答えよ．

(1) d は $X \times Y$ 上の距離関数となる．

(2) 距離関数 d から決まる $X \times Y$ 上の距離位相 $\mathcal{O}_d$ が，X 上の d_X に関する距離位相と Y 上の d_Y に関する距離位相の直積位相 $\mathcal{O}$ と一致することを示せ．

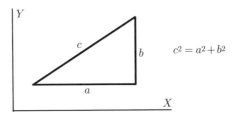

参考図 三平方の定理を参考に直積距離を定める．

例題 257 の解答例．(1) 距離関数の条件のうち，$d((x,y),(x',y')) \geqq 0$ で $d((x,y),(x',y')) = 0$ なのが $(x,y) = (x',y')$ のときに限ること，と $d((x,y),(x',y')) = d((x',y'),(x,y))$ は容易なので省略する．三角不等式を示す．

$$\begin{aligned}
&d((x,y),(x'',y''))^2 \\
&= d_X(x,x'')^2 + d_Y(y,y'')^2 \\
&\leqq \{d_X(x,x') + d_X(x',x'')\}^2 + \{d_Y(y,y') + d_Y(y',y'')\}^2 \\
&= d_X(x,x')^2 + d_Y(y,y')^2 + 2\{d_X(x,x')d_X(x',x'') + d_Y(y,y')d_Y(y',y'')\} \\
&\quad + d_X(x',x'')^2 + d_Y(y',y'')^2 \\
&\leqq d_X(x,x')^2 + d_Y(y,y')^2 \\
&\quad + 2\sqrt{d_X(x,x')^2 + d_Y(y,y')^2}\sqrt{d_X(x',x'')^2 + d_Y(y',y'')^2} \\
&\quad + d_X(x',x'')^2 + d_Y(y',y'')^2 \\
&= \{\sqrt{d_X(x,x')^2 + d_Y(y,y')^2} + \sqrt{d_X(x',x'')^2 + d_Y(y',y'')^2}\}^2 \\
&= \{d((x,y),(x',y')) + d((x',y'),(x'',y''))\}^2
\end{aligned}$$

よって，

$$d((x,y),(x'',y'')) \leqq d((x,y),(x',y')) + d((x',y'),(x'',y''))$$

が成り立つ．

(2) $\mathcal{O}_d = \mathcal{O}$ を示す．

$\mathcal{O}_d \subseteq \mathcal{O}$：任意に $W \in \mathcal{O}_d$ をとる．W は $X \times Y$ 上の距離 d に関する $X \times Y$ の開集合である．任意に $z = (x,y) \in W$ をとる．$\delta > 0$ が存在して，$B(z,\delta) \subseteq W$ である．この $B(z,\delta)$ は距離 d に関する δ-近傍である．そこで，距離 d_X に関する x の $\frac{\delta}{\sqrt{2}}$-近傍 $B_X(x, \frac{\delta}{\sqrt{2}})$ を U とおき，距離 d_Y に関する y の $\frac{\delta}{\sqrt{2}}$-近傍 $B_Y(y, \frac{\delta}{\sqrt{2}})$ を V とおく．すると，U は d_X に関する x の開近

傍で，V は d_Y に関する y の開近傍である．さらに，$U \times V \subseteq W$ となる．実際，任意に $(x', y') \in U \times V$ をとると，$d_X(x, x') < \frac{\delta}{\sqrt{2}}$ かつ $d_Y(y, y') < \frac{\delta}{\sqrt{2}}$ であるから，

$$d((x, y), (x', y')) = \sqrt{d_X(x, x')^2 + d_Y(y, y')^2} < \sqrt{\left(\frac{\delta}{\sqrt{2}}\right)^2 + \left(\frac{\delta}{\sqrt{2}}\right)^2} = \delta$$

である．よって，$(x', y') \in B(z, \delta) \subseteq W$ となる．したがって，$U \times V \subseteq W$ となる．よって，W は X 上の d_X に関する距離位相と Y 上の d_Y に関する距離位相の直積位相の開集合であり，$W \in \mathcal{O}$ となる．よって，$\mathcal{O}_d \subseteq \mathcal{O}$ が成り立つ．

$\mathcal{O} \subseteq \mathcal{O}_d$：任意に $W \in \mathcal{O}$ をとる．任意に点 $z = (x, y) \in W$ をとる．距離 d_X に関する x の開近傍 U と y の開近傍 V が存在して，$U \times V \subseteq W$ となる．U は x の開近傍だから，$\delta' > 0$ が存在して，$B_X(x, \delta') \subseteq U$ となる．また，V は y の開近傍だから，$\delta'' > 0$ が存在して，$B_Y(y, \delta'') \subseteq V$ となる．$\delta = \min\{\delta', \delta''\}$ とおくと，$\delta > 0$ であり，距離 d に関する $z = (x, y)$ の δ-近傍 $B(z, \delta) \subseteq U \times V$ となる．実際，任意に $z' = (x', y') \in B(z, \delta)$ をとると，$d_X(x, x') \leqq \sqrt{d_X(x, x')^2 + d_Y(y, y')^2} = d(z, z') < \delta \leqq \delta'$ となるから，$x' \in B_X(x, \delta') \subseteq U$，同様に，$y' \in B_Y(y, \delta'')$ となり，$z' \in U \times V$ となり，$B(z, \delta) \subseteq U \times V \subseteq W$ となる．よって，W は距離 d に関する開集合であり，$W \in \mathcal{O}_d$ となる．

以上により $\mathcal{O}_d = \mathcal{O}$ が成り立つ． $\qquad\square$

6.3 可算公理

位相空間 $(X, \mathcal{O})$ の位相 $\mathcal{O}$ とは，開集合たち全体の作る集合，すなわち，開集合系であった．また，ある点 $x \in X$ の基本近傍系 $\mathcal{B}_x = \{B_\lambda \mid \lambda \in \Lambda\}$ とは，その点 x の近傍 B_λ の集まり（族）であって，x の任意の近傍 N に対して，$B_\lambda \subseteq N$ となる $\lambda \in \Lambda$ が存在するようなもののことであった（☞ 近傍：定義 137，☞ 基本近傍系：定義 139）．ここで Λ は添字集合である．一般的に，Λ を可算無限に選べるか，あるいは非可算無限になってしまうかは，$(X, \mathcal{O})$ や点 x に依存してくる．

6.3 可算公理　　113

定義 258（**第 1 可算公理**）　位相空間 X が**第 1 可算公理**を満たすとは，任意の $x \in X$ に対して，x の可算基本近傍系が存在することである．

　x の可算基本近傍系とは，x の基本近傍系で可算であるもののことである．言い換えれば，x の基本近傍系 $\mathcal{B}_x = \{B_i \mid i \in I\}$ で，添字集合 I が可算集合にできるもののことである[1]．

◆ **例題 259**　距離空間は距離位相について，第 1 可算公理を満たすことを示せ．

例題 259 の解答例.　(X, d) を任意の距離空間とする．$x \in X$ を任意の点とする．任意の自然数 n について，x を中心とした半径 $\frac{1}{n}$ の開近傍 $B(x, \frac{1}{n})$ を考える．すると，$\{B(x, \frac{1}{n})\}_{n=1}^{\infty}$ は x の可算基本近傍系となる．　　□

　位相空間の開基とは，開集合系の部分族で，任意の開集合を，その開基に属する開集合いくつかの和集合として表されるようなもののことであった（☞ 開基：定義 245）.

定義 260（**第 2 加算公理**）　位相空間 X が**第 2 加算公理**を満たすとは，X が可算な開基をもつことをいう．（つまり，X の位相 $\mathcal{O}$ の可算な部分集合 $\mathcal{B}$ が存在して，任意の $U \in \mathcal{O}$ に対して，$B_i \in \mathcal{B}$ $(i \in I)$ をとれば，$U = \cup_{i \in I} B_i$ と表されることである．）

◆ **例題 261**　ユークリッド空間はユークリッド距離位相に関して第 2 可算公理を満たすことを証明せよ．（ユークリッド空間 $(\mathbf{R}^n, \mathcal{O})$ のユークリッド距離位相 $\mathcal{O}$ の定め方については，第 1 章を見よ．）

例題 261 の解答例.　$\mathbf{R}^n$ の中の点で座標がすべて有理数であるもの（有理点）を考える．有理点 $x = (x_1, \ldots, x_n)$（x_i は有理数）を中心とし，正の有理数 r を半径にもつような $B(x, r)$ をすべて考える．

$$\mathcal{B} := \{B(x, r) \mid x \text{ は } \mathbf{R}^n \text{の有理点}, r \text{ は有理数}\}$$

は，ユークリッド空間の開基である．それが示されれば，$\mathcal{B}$ は可算集合だから，ユークリッド空間が第 2 可算公理を満たすことがわかる．

---

[1] 可算族に関する話なので，（好みにより）添字を λ ではなく i と表した（I 先生）.

任意に開集合 $U \subseteq \mathbf{R}^n$ をとる．U に含まれる有理点 x をすべて考え，また $B(x,r) \subseteq U$ となる正の有理数 r をすべて考えたとき，このような $B(x,r) \in \mathcal{B}$ たちの和集合 $\bigcup B(x,r)$ （U に含まれる有理点 x と $B(x,r) \subseteq U$ となる r にわたる和集合）は U に一致する．

$\bigcup B(x,r) \subseteq U$ は明らかである．

$U \subseteq \bigcup B(x,r)$ を示す．

任意に $y \in U$ をとる．$\delta > 0$ が存在して，$B(y,\delta) \subseteq U$ となる．$y = (y_1,\ldots,y_n)$ とおく．$\mathbf{R}$ の中で有理数全体 $\mathbf{Q}$ は稠密だから（☞ 有理数の稠密性：定理 296），任意の $\varepsilon > 0$ に対して，$x_i \in \mathbf{Q}$ が存在して，$|y_i - x_i| < \varepsilon$ となる．すると，$d(y,x) \leq \sqrt{n}\varepsilon$ となる．$\sqrt{n}\varepsilon < \delta$ となるように ε を選ぶ．つまり，$\varepsilon < \frac{\delta}{\sqrt{n}}$ とする．さらに $\sqrt{n}\varepsilon < r < \delta$ となるように有理数 r をとる．このとき，構成の仕方から $y \in B(x,r) \subseteq U$ となる．$y \in U$ は任意だから，$U \subseteq \bigcup B(x,r)$ となる．

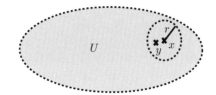

したがって，$\mathcal{B}$ はユークリッド空間 $\mathbf{R}^n$ の可算開基である．よって，ユークリッド空間 $\mathbf{R}^n$ は第 2 可算公理を満たす． □

6.4 商位相

定義 262（誘導された位相） $(X, \mathcal{O}_X)$ を位相空間，Y を集合とし，$f : X \to Y$ を写像とする．このとき，
$$\mathcal{O}_Y := \{U \mid U \subseteq Y, f^{-1}(U) \in \mathcal{O}_X\}$$
を X から Y へ**誘導された位相**とよぶ．

X を集合，$\sim$ を X 上の同値関係とする（☞ B.2 節，B.3 節）．このとき，自然な全射 $\pi : X \to X/\sim$ が $x \in X$ に対して $\pi(x) = [x] \in X/\sim$ により定義される．

6.4 商位相　　　　115

定義 263（**商位相**）$(X, \mathcal{O}_X)$ が位相空間で $\sim$ が X 上の同値関係のとき，$\pi : X \to X/\sim$ により X の位相から $X/\sim$ 上に誘導された位相（☞ 誘導位相：定義 262）を**商位相**とよぶ.

演習問題 264　上の $\pi : X \to X/\sim$ が連続写像であることを示せ. ☺

演習問題 264 の証明. U を $X/\sim$ の任意の開集合とする. 商位相の定義により $\pi^{-1}(U)$ は X の開集合である. よって，π は連続写像である（☞ 連続写像の特徴付け：定理 152）.　　　　□

◆ **例題 265**　$f : X \to Y$ を位相空間の間の連続写像，$\sim$ を X 上の同値関係で，任意の $x, x' \in X$ について，

$$x \sim x' \text{ ならば } f(x) = f(x')$$

が成り立つとする. このとき，連続写像 $\widetilde{f} : X/\sim \to Y$ が存在し，$\widetilde{f} \circ \pi = f$ を満たす. このことを示せ.

例題 265 の解答例. 写像 $\widetilde{f}$ は $\widetilde{f} \circ \pi = f$ を満たすから，任意の $x \in X$ について，$\widetilde{f}([x]) = \widetilde{f}(\pi(x)) = (\widetilde{f} \circ \pi)(x) = f(x)$ となるはずなので，$[x] \in X/\sim$ に対し，$\widetilde{f}([x]) = f(x)$ と定める. この定義は $[x]$ の代表元 x のとり方によらない. 実際，x' も $[x]$ の代表元とすると，$x \sim x'$ だから，$f(x) = f(x')$ となるからである. $\widetilde{f} \circ \pi = f$ を満たすことは明らかである. 最後に $\widetilde{f} : X/\sim \to Y$ が連続写像であることを示す. そのために，U を Y の任意の開集合とし，$(\widetilde{f})^{-1}(U)$ が $X/\sim$ の開集合かどうか調べる. $\pi^{-1}((\widetilde{f})^{-1}(U))$ を考えると，$\pi^{-1}((\widetilde{f})^{-1}(U)) = (\widetilde{f} \circ \pi)^{-1}(U) = f^{-1}(U)$ であり，f が連続写像だから，$\pi^{-1}((\widetilde{f})^{-1}(U))$ は Y の開集合である. よって，$(\widetilde{f})^{-1}(U)$ は $X/\sim$ の開集合である. したがって，$\widetilde{f}$ は連続写像である.　　　　□

◆ **例題 266**　区間 $[0, 1]$ 上の同値関係 $\sim$ を，

$$t \sim t' \Leftrightarrow (t = t' \text{ または } (t = 0, t' = 1) \text{ または } (t = 1, t' = 0))$$

により定める. 商集合 $[0, 1]/\sim$ に商位相を入れてできる位相空間 $(X, \mathcal{O}_X)$ と

$$S^1 := \{(x_1, x_2) \in \mathbf{R}^2 \mid x_1^2 + x_2^2 = 1\}$$

に相対位相を入れてできる位相空間 $(S^1, \mathcal{O}_{S^1})$ が同相であることを示せ.

116　　第 6 章　位相空間続論

例題 266 の解答例. $f : [0,1] \to S^1$ を $f(t) = (\cos(2\pi t), \sin(2\pi t))$ で定める[2]. f は全射である. $f(0) = f(1) = (1,0) \in S^1$ である. よって, 連続写像 $\tilde{f} : [0,1]/\sim \to S^1$ が誘導される. また $\tilde{f}$ は全単射である. $[0,1]$ はコンパクトで $\pi : [0,1] \to [0,1]/\sim$ は連続な全射だから, $[0,1]/\sim$ はコンパクトである. 一方, S^1 はハウスドルフである. したがって, $\tilde{f}$ は同相写像である (☞ 例題 205). 実際, $[0,1]/\sim$ の任意の閉集合 F をとると, F はコンパクトで, $\tilde{f}(F)$ は S^1 のコンパクト集合となり, $\tilde{f}(F)$ は S^1 の閉集合となる. このことから, $\tilde{f}$ の逆写像 $\tilde{f}^{-1}$ の連続性が示される. したがって, $(X, \mathcal{O}_X)$ と $(S^1, \mathcal{O}_{S^1})$ は同相である. □

●**余談**●　数学力.

　位相の授業の最後の時間.

I 先生：え〜, 位相の授業も今日で終わりです. よくわかった人もわからなかった人もいると思います. あまり気にしないで, これからも数学の勉強を続けてください. ところで, 皆さんがさらに数学力をより高めていくには, いろいろな状況にまず慣れること, そして慣れても初心を忘れないことが大切です. ときどき, もとに戻ってみて, 零（ゼロ）から考えてみること, そんな心がけが大切です. 静寂がなければ音楽はできない, 零がなければ数学はできない, と言われるので, 零から考えるのが大切です.

O さん：零から考えるには具体的にどうすればいいんですか？

I 先生：数学は想像力だから, いろいろ連想するといいね. こういう仮定でこういう結論が出るなら, 仮定を少し変えてみたら, どういうことが言えるか, とかね. 勉強も研究も連想ゲームだね. それから, ローテクとハイテクを使いこなす, というのも大事だね. あるときは, 紙と鉛筆だけで一人で問題を解くことを考えて, あるときは, いろいろ検索して, 世界中で似たことをやっている人はいないか調べたりね. でも, 最終的には合理的に考えて結論を出さなければいけないし, 理を尽くして人に説明しなくちゃいけない. 不合理はダメ, 理不尽はダメ, 理を尽く

---

[2] この π は円周率である (I 先生).

してこそ浮かぶ瀬もあれ... それから，数学で正しいというのは，日常生活の正しい，正義とは意味が違う．正しい選択，正しい行動，とも異なることに注意しましょう．

S君：どういうことですか？ 倫理的に社会的に間違っていることでも，数学では正しいこともあるっていうことですか？

I先生：まあね．

S君：それはかなり問題アリではないですか？

I先生：倫理的，社会的なことを数学では扱わないので大丈夫なんです．

Oさん：でも，数学は社会的に影響することの基礎になるから，無関係ではないはずですね．

I先生：もちろんそうさ．だから，そのことは常に意識する必要はある．数学も社会と無関係ではない．でも独立した存在だということも大切です．論理を振りかざすと孤独になる．唇寒し秋の空，ということもある．でも，とにかく，数学の真偽は多数決では決まらない．数学で正しいことは，どんな世の中でも正しい，と自信をもって言える．「あわてるな，正しい定理は，明日も正しい」

数直線
(1次元ユークリッド空間)

A.1 数直線

自然数 $0, 1, 2, 3, \ldots$ や負の整数 $\ldots, -3, -2, -1$ や $\frac{1}{2}, \frac{2}{3}$ などの分数（有理数）は実数である．$\sqrt{2}$ や π など分数で表されない実数（無理数）もある．ちなみに，円周率 $\pi \neq 3.14$ であり，$3.14 = 314/100 = 157/50$ は有理数であるが，π 自身は有理数ではなく無理数である．さらに π は超越数[1]であることも証明されている．名もない数がたくさんある．

無理数など実生活で使わないから必要ないし，そんなもの存在しないほうがよい，という考え方もあるが，ないと困る，ということも事実である．

実数という概念は，数学の長い歴史の中で偉大な発見であり，光り輝く金字塔である．実数がわかれば数学がわかる，と言っても過言ではない．

実数全体を記号で $\mathbf{R}$ と表す．real number の頭文字 R をとり，大文字の太文字で表す．

実数の全体をイメージするには，下図のような無限に延びた直線を想像するのがよい：

参考図 数直線のイメージ．

---

[1] 代数方程式の解にならない数ということ（I 先生）．

これを**数直線**あるいは**実数直線**とよぶ．現実に（リアルに）無限に延びた直線を見ることは誰にもできないので，かなり想像しづらいかもしれないが，数学は想像力．がんばって想像してほしい．

さて，実数には大小関係で順序が入るので，大きい方向に矢印をつけ，必要があれば，0 を中央におき，目盛りも入れる：

参考図 目盛りを入れた数直線.

ここで大事な点は，数直線には途中にまったく「すき間」というものがないということである．数直線には切れ目がない．実数がすき間なく切れ目なく続いているイメージをしっかりもとう．ここが非常に重要なポイントである．

A.2 実数の構成 − デデキントの切断

次の記号は，現在では世界共通になっている：

N はすべての自然数からなる集合
Z はすべての整数からなる集合
Q はすべての有理数（分数）からなる集合
R はすべての実数からなる集合
C はすべての複素数からなる集合

ここでは，実数の構成をデデキントの切断の方法により紹介する．デデキントの切断の方法とは，有理数全体の集合 **Q** は既知として，そこから **R** を構成する 1 つの方法である．

定義 267 **Q** の**デデキントの切断**（あるいは単に**切断**）とは，次の性質を満たす **Q** の 2 つの部分集合の組 (A, B) のことである：

(i) $A \neq \emptyset$, $B \neq \emptyset$, $A \cup B = \mathbf{Q}$, $A \cap B = \emptyset$.

(ii) $(a \in A$ かつ $b \in B)$ ならば $a < b$.

条件 (i) は，有理数全体の集合をもれなく重複なく本当に 2 つの部分に分

A.2 実数の構成 – デデキントの切断　　　121

けること，条件 (ii) は，両者のどのメンバーどうしにも真に大小関係がある
こと，A のすべてのメンバーが B のすべてのメンバーより真に小さいこと，
を意味している．

◆ **例 268**　r_0 を有理数とする．このとき，

$$A = \{r \in \mathbf{Q} \mid r \leqq r_0\}, \quad B = \{s \in \mathbf{Q} \mid r_0 < s\}$$

とおくと，(A, B) は $\mathbf{Q}$ の切断である．また，

$$A' = \{r \in \mathbf{Q} \mid r < r_0\}, \quad B' = \{s \in \mathbf{Q} \mid r_0 \leqq s\}$$

とおくと，(A', B') も $\mathbf{Q}$ の切断である．
　これらの切断は，両方とも**有理数 r_0 から定まる切断**とよばれる．

◆ **例 269**　$A = \{r \in \mathbf{Q} \mid r^2 < 2$ または $r < 0\}, B = \{s \in \mathbf{Q} \mid 2 < s^2$ かつ $0 < s\}$ とおくと，(A, B) は $\mathbf{Q}$ の切断である．この切断は，有理数から定まる切断ではない．

　一般に，$\mathbf{Q}$ の切断 (A, B) にはいろいろあるが，可能性として，次の 4 つの場合が考えられる：

(1) A に最大値[2]があり，B に最小値がない．

(2) A に最大値がなく，B に最小値がある．

(3) A に最大値がなく，B に最小値がない．

(4) A に最大値があり，B に最小値がある．

　実際は，場合 (4) は起きない．というのは，もし，a を A の最大値，b を B の最小値とすると，$a \in A, b \in B$ だから，切断の条件 (ii) から，$a < b$ であるが，$c = \frac{a+b}{2}$ とおくと，a, b が有理数だから c も有理数である．$a < c$ で a が A の最大値だから，c は A に属さない．$c < b$ で b が B の最小値だから，c は B にも属さない．したがって c は $A \cup B = \mathbf{Q}$ に属さないことになってしまって矛盾が生じるからである．

　また，場合 (2) のとき，B の最小値だけを A に移せば，(1) に帰着できる．

---

[2] $\mathbf{Q}$ の部分集合 A の最大値とは，<u>A に属する数であって，A に属する他のすべての数以上である数</u>のことである（U 博士）．

122 　付録 A　数直線（1 次元ユークリッド空間）

定義 270 (**実数の定義**)　(1) と (3) のタイプの $\mathbf{Q}$ の切断 (A, B) を**実数**とよび，実数の全体を $\mathbf{R}$ で表す．そのうち (1) のタイプの切断 (A, B)，すなわち，例 268 のように有理数から定まる切断を**有理数**とよぶ．また (3) のタイプの切断 (A, B)，すなわち例 269 のように有理数から定まらない切断を**無理数**とよぶ．

◆ **例 271**　例 268 の (A, B) は (1) の場合で，有理数 r_0 と同一視される．したがって，$\mathbf{Q} \subseteq \mathbf{R}$ である．ちなみに，(A', B') は (2) の場合である．(2) の場合は，(1) に作り変えて，同じ有理数 r_0 に対応すると考えている．

◆ **例 272**　例 269 の切断 (A, B) は (3) のタイプの切断であり無理数である．これを $\sqrt{2}$ と名づけるわけである．

定義 273 (**実数の相等**)　(A, B) と (C, D) を定義 270 の意味での 2 つの実数とする．$x = (A, B), y = (C, D)$ とおく．このとき，実数 x と y が**等しい**とは，集合 A と C が等しいこと（したがって，B と D も等しいこと）と定める．

　$\mathbf{R}$ には順序，加減乗除が自然に定義される．以下では，主に順序と加法，乗法について説明しよう．

　$x = (A, B)$ と $y = (C, D)$ を 2 つの（定義 270 の意味の）実数とする．つまり，それぞれ $\mathbf{Q}$ の切断で (1) または (3) が成り立つとする．このとき，

$$A \subseteq C \text{ か，または，} C \subseteq A$$

が成り立つ．実際，「$A \subseteq C$ か，または $C \subseteq A$」を否定して，「$A \not\subseteq C$ かつ $C \not\subseteq A$」と仮定して，$a, c \in \mathbf{Q}$ が存在して，$a \in A$ かつ $a \notin C$，および，$c \in C$ かつ $c \notin A$ としてみる．すると，$a \notin C$ だから $a \in D$ であり，$c \in C$ であるから，(C, D) に関する切断の条件 (ii) から $c < a$ となる．また，$c \notin A$ だから $c \in B$ であり，$a \in A$ だから，(A, B) に関する切断の条件 (ii) から $a < c$ となり，$c < a$ かつ $a < c$ となるため矛盾が導かれるのである．

定義 274 (**実数の大小**)　$x = (A, B)$ と $y = (C, D)$ を 2 つの実数とする．$A \subseteq C$ のとき $x \leqq y$，$C \subseteq A$ のとき $y \leqq x$ と定める．

A.2 実数の構成 – デデキントの切断

✔ **注意 275** 2つの実数 x, y について, $x \leqq y$ かつ $y \leqq x$ である必要十分条件は $x = y$ である.

$x \leqq y$ かつ $x \neq y$ のとき, $x < y$ と書く.

定義 276 (**実数の加法, 乗法**) $x = (A, B), y = (C, D)$ を実数とする. $A, B,$ C, D はそれぞれ $\mathbf{Q}$ の部分集合であることに注意する. $E := \{a + c \mid a \in A, c \in C\}$ とおく. このとき, $E \neq \mathbf{Q}$ である.

実際, $b_0 \in B, d_0 \in D$ を1つずつとれば, 任意の $a \in A, c \in C$ について, $a < b_0, c < d_0$ だから, $a + c < b_0 + d_0$ となるので, $b_0 + d_0 \notin E$ であるから, $E \neq \mathbf{Q}$ である.

そこで, $F := \mathbf{Q} \setminus E$ とおくと, (E, F) は $\mathbf{Q}$ の切断となる. (E, F) から定める実数を $x + y$ とするのである. また, $G := \{ac \mid a \in A, c \in C\}$ とおけば, $G \neq \mathbf{Q}$ であり, $H := \mathbf{Q} \setminus G$ とし, 切断 (G, H) から定まる実数を xy とするのである.

こうして, 実数全体 $\mathbf{R}$ には, いわゆる順序体[3]の構造が, $\mathbf{Q}$ から拡張され定義される.

なお, $\mathbf{R}$ から出発し, $\mathbf{R}$ の切断 (つまり, 性質 (i), (ii) と類似の性質をもつもの) によって新しい数を作ろうとしても不可能である:

定理 277 (**実数の連続性**) $\mathbf{R}$ の切断を $\mathbf{Q}$ の切断と同様に定義するとする. $\mathbf{R}$ の切断 (A', B') に対し, ただ1つの実数 γ が存在して

$$\alpha \in A' \text{ かつ } \beta \in B' \text{ ならば } \alpha \leqq \gamma \leqq \beta \cdots\cdots\cdots (*)$$

が成り立つ. したがって, A' に最大値があるか, または B' に最小値がある.

したがって, $\mathbf{R}$ の切断に対して, $(1'), (2'), (3'), (4')$ の場合分け[4]をするとき, $(3')$ の場合も起きない. さらに, $(4')$ の場合も起きないこともわかる. したがって $(1')$ または $(2')$ の場合しか起きないのである. 定理 277 の証明は巻末の証明集にある.

---

[3] 大雑把に言えば, 体とは四則演算ができる代数系, さらに順序も定まっていて, 演算と順序が通常の性質をもつとき順序体という (I 先生).

[4] 有理数の切断と区別するために番号に $'$ を付けた.

124　　　付録 A　数直線（1 次元ユークリッド空間）

実数の範囲で四則演算が自由にできる．ただし，零で割ることだけは禁止である．

実数には大小関係がある．a と b を実数とするとき，$a < b$ か，$a = b$ か，$b < a$ か，のいずれか 1 つが成り立つ．数直線で言うと，$a < b$ とは，a に対応する点が b に対応する点の左側にあることだ．$a < b$ と $a = b$ の状況を併せて $a \leqq b$ と書き，$a = b$ と $b < a$ の状況を併せて $b \leqq a$ と書いている．このとき，任意の実数 a, b, c について次が成り立つ．

$$(\mathrm{I})\ a \leqq b\ \text{ならば}\ a + c \leqq b + c\ \text{である．}$$
$$(\mathrm{II})\ 0 \leqq a\ \text{かつ}\ 0 \leqq b\ \text{ならば}\ 0 \leqq ab\ \text{である．}$$

✔ **注意 278**　任意の実数 a, b, c について次が成り立つ．

$$(\mathrm{I'})\ a < b\ \text{ならば}\ a + c < b + c\ \text{である．}$$
$$(\mathrm{II'})\ 0 < a\ \text{かつ}\ 0 < b\ \text{ならば}\ 0 < ab\ \text{である．}$$

◈ **例題 279**　(I), (II) の性質から (I′), (II′) を導け．

例題 279 の解答例．　(I′) $a < b$ とする．このとき $a \leqq b$ だから，(I) により $a + c \leqq b + c$ である．$a + c < b + c$ または $a + c = b + c$ である．もし $a + c = b + c$ とすると $a = b$ となるが，これは $a < b$ という仮定に反する．したがって，$a + c < b + c$ となる．

(II′) $0 < a$ かつ $0 < b$ とする．このとき $0 \leqq a$ かつ $0 \leqq b$ であるから，(II) より $0 \leqq ab$ である．$0 = ab$ または $0 < ab$ である．もし $0 = ab$ とすると，$a \neq 0$ だから $b = 0$ が導かれて，$b \neq 0$ というもう 1 つの仮定に反してしまう．したがって，$0 < ab$ である．

演習問題 280　上の公式 (I), (II) を用いて，次を示せ．☺
(1) $a \leqq b$ のとき，$0 \leqq b - a$ が成り立つ．
(2) 任意の実数 a に対して，$0 \leqq a^2$ が成り立つ．

演習問題 281　実数 a に対し，**絶対値** $|a|$ を $0 \leqq a$ のときはそのまま a を表し，$a < 0$ のときは $-a$ を表すものとする．このとき，次を示せ．☺
(1) $0 \leqq |a|$ が成り立つ．

A.3 数直線上の距離と位相   125

(2) $|a| = \max\{a, -a\}$ が成り立つ.

(3) $|x - a| < \delta$ ならば $a - \delta < x < a + \delta$ が成り立つ.

定義 282 (開区間) 数直線上で，実数 a, b（ただし，$a < b$）に対し，**開区間** (a, b) を

$$(a, b) = \{x \in \mathbf{R} \mid a < x \text{ かつ } x < b\}$$

により定める.

a よりも大きく，b よりは小さい実数をすべて集めてくるのである[5].

開区間 (a, b) と同様に，半開区間 $(a, b], [a, b)$，閉区間 $[a, b]$ も定義される：

$$(a, b] = \{x \in \mathbf{R} \mid a < x \text{ かつ } x \leqq b\}, \quad [a, b) = \{x \in \mathbf{R} \mid a \leqq x \text{ かつ } x < b\}$$

であり

$$[a, b] = \{x \in \mathbf{R} \mid a \leqq x \text{ かつ } x \leqq b\}$$

である．また，慣習として，

$$(-\infty, b) = \{x \in \mathbf{R} \mid x < b\}, \quad [a, \infty) = \{x \in \mathbf{R} \mid a \leqq x\}$$

という記法も使われる．同様の趣旨で，$(-\infty, b], (a, \infty), (-\infty, \infty)$ も使われる.

演習問題 283 $a < b$ とする．任意の $t \in (0, 1)$ に対し，$ta + (1 - t)b \in (a, b)$ を示せ．☺

A.3 数直線上の距離と位相

第1章では，2次元ユークリッド空間 $\mathbf{R}^2$ から始めて，一般の m 次元ユークリッド空間 $\mathbf{R}^m$ を説明している．ここでは，基礎となる1次元ユークリッド空間の確認をしよう．

数直線 $\mathbf{R}$ の点 a と b の距離を $|b - a|$ で定める：

$$d(a, b) := |b - a|.$$

---

[5] 実際にそんなことは可能だろうか？ 実際に可能かどうかはともかく，それを考えるのである．数学は想像力である（I 先生）.

これが，**1 次元ユークリッド距離**である．このとき，次が成り立つ．

距離の性質：

（対称性）任意の $a, b \in \mathbf{R}$ について $d(a, b) = d(b, a)$ が成り立つ．

（正値性 1）任意の $a, b \in \mathbf{R}$ について $d(a, b) \geqq 0$ である．

（正値性 2）$d(a, b) = 0$ となるのは，$a = b$ のとき，そのときに限る．

（三角不等式）任意の $a, b, c \in \mathbf{R}$ について，

$$d(a, c) \leqq d(a, b) + d(b, c)$$

が成り立つ[6]．

ユークリッド距離 d が与えられた数直線，すなわち距離空間 $(\mathbf{R}, d)$ を **1 次元ユークリッド空間**とよぶ．

$a \in \mathbf{R}$ とし，$\varepsilon > 0$ とする．距離 d に関する a の ε-**近傍**を

$$B(a, \varepsilon) := \{x \in \mathbf{R} \mid d(a, x) < \varepsilon\} = (a - \varepsilon, a + \varepsilon)$$

で定める．$U \subseteq \mathbf{R}$ が**開集合**とは，任意の $a \in U$ に対し，$\delta > 0$ が存在して，$B(a, \delta) \subseteq U$ となるときにいう．$\mathbf{R}$ の開区間 (a, b) は開集合である．$\mathbf{R}$ の開集合は，開区間を合わせてできるような部分集合である．ちなみに，開区間 (a, b) は $B(\frac{a+b}{2}, \frac{b-a}{2})$ とも表される．空集合も $\mathbf{R}$ 自体も $\mathbf{R}$ の開集合である．ユークリッド距離に関する $\mathbf{R}$ の開集合の全体の集合 $\mathcal{O}_{\mathbf{R}}$ を $\mathbf{R}$ 上の **1 次元ユークリッド位相**という．

$\mathbf{R}$ の部分集合 A を与えると，$\mathbf{R}$ の点が 3 種類，A の内点，外点，境界点に分類される．$a \in \mathbf{R}$ が A の**内点**とは，$B(a, \delta) \subseteq A$ となる $\delta > 0$ が存在するとき，$c \in \mathbf{R}$ が A の**外点**とは，$B(c, \delta) \subseteq \mathbf{R} \setminus A$ となる $\delta > 0$ が存在するとき，そして，$b \in \mathbf{R}$ が A の**境界点**とは，どんな $\varepsilon > 0$ をとっても $B(b, \varepsilon) \cap A \neq \emptyset$，$B(b, \varepsilon) \cap (\mathbf{R} \setminus A) \neq \emptyset$ となるときである．

$\mathbf{R}$ の部分集合 F が**閉集合**とは，F のすべての境界点が F に属するときにいう．$\mathbf{R}$ の閉区間 $[a, b]$ は閉集合である．1 点，有限個の点集合，空集合，$\mathbf{R}$ 自体は $\mathbf{R}$ の閉集合である．

---

[6] 直線上のつぶれた三角形だ！（I 先生）．

半開区間 $[a,b)$ や $(a,b]$ は **R** の開集合でも閉集合でもない.

A.4 数列の極限

極限をイメージするには，まず，数直線の上を自由に動く点（物理で言うところの「質点」）を想像することから始めるとよい．数直線上を動く点は，ある位置にあれば，その瞬間にある位置の実数を表す．別の位置にあれば，その瞬間，別の実数を表す．

a を実数とする．このとき，矢印の記号を使って，$x \to a$ という記号で，x が動いていって，a を表す点にどんどん近づいていく状況を表すことにする．簡単に「x が a に近づく」と読む．このとき，近づき方は問わない．x が左から a に近づいてもよいし，右から近づいてもよい．右に行ったり左に行ったりしながら近づいてもよい．近づく近づかない，ということを納得するのは容易なことではない．

数列を考える.

数列 $\{a_n\}$ は，数直線上を動く点の各時刻での位置の記録と思える．時刻 0 のときの位置が a_0 で，時刻 1 のときの位置が a_1 で，時刻 2 のときの位置が a_2 で，時刻 3 のときの位置が a_3 である．過去のことはこの際，気にしない．落ち着きがない数列もあれば，早々とある値に近づいていくのが明らかに見てとれる場合もある．

実際問題として，最初の有限個のデータだけでは，その数列の極限値はわからない．わかるはずがない．法則性が必要である．法則性がないと，おおよそ推測はできたとしても，極限値を厳密に求めることはできない．

$a_n = 1/10^n$ のとき，$a_0 = 1$, $a_1 = 0.1$, $a_2 = 0.01$, $a_3 = 0.001$ となり，0 に近づいていく．このとき，$\lim_{n \to \infty} a_n = 0$ と表すことができる．

$b_n = 1 - 1/10^n$ とおけば，$\lim_{n \to \infty} b_n = 1$ である．

$$0.99999\cdots\cdots = 1$$

である．$0.99999\cdots\cdots$ は，有限で切ってできる数列

$$0,\ 0.9,\ 0.99,\ 0.999,\ 0.9999,\ 0.99999,\ 0.999999,\ 0.9999999,\ 0.99999999,\ 0.999999999,\cdots\cdots$$

が 1 にどんどん近づく. この極限の状況を表しているからだ.

実数は無限小数である. 有限小数の後ろには 0 が無限に続いている. ただし見た目が異なる無限小数が同じ実数を表す場合があるから要注意である.

定義 284 (**数列の収束**) $\{a_n\}_{n=1}^{\infty}$ を実数列とする. $a \in \mathbf{R}$ とする. 実数列 $\{a_n\}$ が a に**収束する**とは, 任意の $\varepsilon > 0$ に対して, 番号 N が存在して, $N \leqq n$ ならば, $|a_n - a| < \varepsilon$ となるときにいう.

このとき

$$\lim_{n \to \infty} a_n = a$$

あるいは

$$a_n \to a \quad (n \to \infty)$$

と表す. a を実数列 $\{a_n\}$ の**極限**とよぶ.

実数列 $\{a_n\}$ が**収束する**とは, ある実数に収束するときにいい, どの実数にも収束しないとき, $\{a_n\}$ は**発散する**という.

●コラム●

I 先生:10 進法と 2 進法について話します. 10 進法で表された数を 2 進法で表します. 2 進法では 2 は使わないで, 0 と 1 だけを使います. 10 進法で表した 0 と 1 は, 2 進法で表しても 0 と 1 です. でも, 10 進法で表した 2 は, 2 進法で表すと 10 です. 10 進法で表した 10 は, $10 = 2^3 + 2^1$ ですから, 2 進法で表すと 1010 となります. 2 進法は, コンピュータでの計算の基本になります... そうだね, とぽ次郎.

とぽ次郎:ワン, ウー, ワン, ウー.

A.5 実数の基本的性質

定理 277(実数の連続性)から, 上限の存在, 有界単調数列が収束することや, コーシー列が収束することなどを示そう.

定義 285 (**R の部分集合の有界性**) E, F, G を $\mathbf{R}$ の部分集合とする.

E が**上に有界**とは，ある実数 R があって，E の任意の数 x に対し，$x \leqq R$ となることをいう．このとき，R を E の**上界**とよび，E の上界の最小値を E の**上限**とよんで，$\sup(E)$ と書く．

F が**下に有界**とは，ある実数 r があって，F の任意の数 x に対し，$r \leqq x$ となることをいう．このとき，r を F の**下界**（かかい）とよび，F の下界の最大値を E の**下限**とよんで，$\inf(F)$ と書く．

G が**有界**とは，ある実数 r, R があって，G の任意の数 x に対し，$r \leqq x \leqq R$ となることをいう．定理 286 の証明は巻末の証明集にある．

定理 286 E, F, G を $\mathbf{R}$ の部分集合で $E, F, G \neq \emptyset$ とする．

E が上に有界ならば，E に上限（上界の最小値）$\sup(E)$ が存在する．

F が下に有界ならば，F に下限（下界の最大値）$\inf(F)$ が存在する．

したがって，G が有界ならば，$\sup(G)$ と $\inf(G)$ が存在する．

✔ **注意 287** E が上に有界でない場合も，（記号の濫用をして）$\sup(E) = \infty$ と表す．F が下に有界でない場合も，$\inf(F) = -\infty$ と表す．∞ も $-\infty$ も便利な記号であるが，実数ではないことに注意して使いたい．

次は微分積分学の基本となる定理である．定理 288 の証明は巻末の証明集にある．

定理 288 実数列 $\{a_n\}$ が上に有界で単調増加ならば，極限値 $\lim_{n \to \infty} a_n$ が存在する．$\{a_n\}$ が下に有界で単調減少ならば，極限値 $\lim_{n \to \infty} a_n$ が存在する．

定義 289 実数列 $\{a_n\}$ が**コーシー列**とは，任意の $\varepsilon > 0$ に対し，ある番号 N が存在して，$N \leqq n, N \leqq m$ ならば，$|a_n - a_m| < \varepsilon$ となることである．

つまり，大雑把にいうと，コーシー列とは「先々歩み寄っていくような数列」のことである．収束するかどうか，ということは，それらに「着地点」のようなものが存在するかどうかということである．

次の定理 290 の証明は巻末の証明集にある．

定理 290 $\mathbf{R}$ 上の収束列はコーシー列である．

次の定理は，$\mathbf{R}$ が完備（☞ 完備：定義 208）であることを示している．定理 291 の証明は巻末の証明集にある．

130 付録 A 数直線（1 次元ユークリッド空間）

定理 291 (**R の完備性**)　R 上のコーシー列は収束する.

　次の 2 つの定理は，R や区間が連結であることを示している．定理 292，定理 293 の証明も巻末の証明集にある.

定理 292 (**R の連結性**)　R は連結である．つまり，R の中の開かつ閉な集合は，$\emptyset$ か R に限る (☞ 連結性の特徴付け：定理 176).

定理 293 (**区間の連結性**)　$a, b \in \mathbf{R}$, $a < b$ とする．このとき，区間 $I = [a, b], (a, b], [a, b), (a, b)$ はすべて R の連結集合である.

　次の 2 つの定理は有界閉区間の（点列）コンパクト性を示している：

定理 294 (**有界閉区間の点列コンパクト性**)　有界閉区間 $[a, b]$ は点列コンパクトである (☞ 点列コンパクト：定義 185).

定理 295 (**ハイネ・ボレルの被覆定理，有界閉区間のコンパクト性**)　$U_\lambda (\lambda \in \Lambda)$ を開区間の（一般に無限個からなる）族とし，

$$[a, b] \subseteq \bigcup_{\lambda \in \Lambda} U_\lambda$$

とする．このとき，$\lambda_1, \lambda_2, \ldots, \lambda_r \in \Lambda$ が存在して，

$$[a, b] \subseteq U_{\lambda_1} \cup U_{\lambda_2} \cup \cdots \cup U_{\lambda_r}$$

となる．（つまり，有限部分被覆が存在する.）

　定理 294，定理 295 の証明は巻末の証明集にある.

　Q は R の中で稠密 (☞ 稠密：定義 135) である．定理 296 の証明は巻末の証明集にある.

定理 296 (**有理数の稠密性**)　Q は 1 次元ユークリッド空間 R の稠密集合である.

A.6 関数の連続性

1変数実数値関数の連続性について，本書で必要になることだけを確認しておこう．

関数 $y = f(x)$ を考える．簡単のため，x が数直線 $\mathbf{R}$ 上を自由に動いている場合を考えよう．x が点 a に近づく状況を考えて，極限

$$\lim_{x \to a} f(x)$$

を考える．この極限が存在する場合もあるし，存在しない場合もある．たとえば，極限が数 α のとき，

$$\lim_{x \to a} f(x) = \alpha$$

という状況は，

$$f(x) \to \alpha \ (x \to a)$$

と書かれる．ε-δ 論法で書けば，

$$\forall \varepsilon > 0, \ \exists \delta > 0, \ 0 < |x - a| < \delta \Rightarrow |f(x) - \alpha| < \varepsilon$$

となる．これをどう読むか．

「どんなに小さな ε をとっても，δ を十分小さくさえとれば，$|x - a|$ が δ より小さく，零でない限り，$f(x)$ の値と α のずれを ε で抑えられる」

と読む．ここで，$|f(x) - \alpha|$ を気持ちを込めて，「$f(x)$ の値と α のずれ」と読み込んでいる．

x が $\mathbf{R}$ の開区間 (a, b) を動く場合，すなわち $a < x < b$ の範囲で動く場合を考える．

このとき，$y = f(x)$ の $x = a$ における**右極限**が α であること，つまり，$\lim_{x \to a+0} f(x) = \alpha$ は，

$$\forall \varepsilon > 0, \ \exists \delta > 0, \ 0 < x - a < \delta \Rightarrow |f(x) - \alpha| < \varepsilon$$

が成り立つことを意味する．$0 < x - a < \delta$ の部分は，$a < x < a + \delta$ を意味することに注意する．

$y = f(x)$ の $x = b$ における**左極限**が β であること，つまり，$\lim_{x \to b-0} f(x) = \beta$ は，

$$\forall \varepsilon > 0, \ \exists \delta > 0, \ 0 < b - x < \delta \Rightarrow |f(x) - \beta| < \varepsilon$$

が成り立つことを意味する．$0 < b - x < \delta$ の部分は，$b - \delta < x < b$ を意味することに注意する．

数列の極限を，関数の連続性と関係付けて説明してみよう．

◆ **例 297** 実数列 $\{a_n\}_{n=1}^{\infty}$ は，写像 $a : \{1, 2, 3, \dots\} \to \mathbf{R}$ と考えられる．つまり，$a(n) = a_n$ とみるのである．$X = \{1, 2, \dots\} \cup \{\infty\}$ とする．X 上の距離関数 $d : X \times X \to \mathbf{R}$ を，$n, m \in \{1, 2, \dots\}$ のとき，

$$d(n, m) = \left| \frac{1}{n} - \frac{1}{m} \right|,$$

そして，$d(n, \infty) = d(\infty, n) = \frac{1}{n}$, $d(\infty, \infty) = 0$ により定める．すると，(X, d) は距離空間となる．X 上の距離位相は次のようになる：$S \subseteq X$ が開集合である条件は，$S \subseteq \{1, 2, \dots\}$ または，ある正の自然数 n があって，$\{n, n+1, \dots\} \cup \{\infty\} \subseteq S$ となることである．

$\alpha \in \mathbf{R}$ とする．$\tilde{a} : X \to \mathbf{R}$ を $a(n) = a_n$, $a(\infty) = \alpha$ で定めたとき，$\lim_{n \to \infty} a_n = \alpha$ である必要十分条件は，$\tilde{a}$ が ∞ において連続であることである．

●**余談**● トポロジーの考え方．

I 先生が市民講演で熱弁を振るっています．

I 先生：社会のシステム，自然のシステムを理解するには，まず，それらを詳しく調べていろいろな情報を得なければなりません．そのプロセスは不可欠です．でも，詳しい情報をいくら集めてきても，よくわからないことが多い．何かしっくりこない，腑に落ちない，見通しが立たない，ということがあります．それは対象に近づき過ぎているか，細かな情報にこだわりすぎているか，ともかく，思い切って別の見方ができない，ということです．「無頓着」という言葉がありますが，トポロジーの考え方は，詳しい情報を知っていながら，それを超えた見方を敢えてす

る，粗視化する，いわば「非頓着」の教え，といえるかもしれません．

「トポロジー」は，永い歴史をもつ数学という学問の中で，主に20世紀になってから発展した数学です．比較的新しい分野です．いままでの数学の応用というと，微分積分であったり，複素関数であったり，フーリエ解析だったり，微分方程式などでした．もちろん，それらは現在も将来も役に立ち続けることは明らかです．しかしその上で，それに加えて，トポロジーのような新しい数学も，だんだんと諸科学に応用され出してきたところです．トポロジーの考え方を使うことで，新しい発見ができる，そのような趨勢が見えてきた，といえます．

トポロジーは数学の中で，新しい分野ですが，それでも数学におけるトポロジーの研究には十分な蓄積があります．トポロジーの考え方は，数学そのものを研究する上での大切な基礎ですが，その一方で，トポロジーの考え方やトポロジーの知識の蓄積をいろいろな科学に活用し，社会に貢献していくことは，だんだんと行われ始めているし，それは非常に意義のあることと考えます．この21世紀にトポロジーの応用が大いに花開いていくと思われます…

U博士：パチパチパチ．

とぽ次郎：ワンワンワン．

　講演後．

U博士：先生，講演お疲れさまでした．でも，何に応用できるか，わかっていたら簡単なので，それを見つけるのが勝負ですね．

I先生：そうだね．応用は難しい．応用を考えると，どうしても視野が狭くなってしまう．そこをどう乗り越えるかだね．

U博士：実際に先端的な研究をするとなると，研究は競争の世界でなかなか厳しい．ある意味，修羅の世界ですね．

I先生：シュラ？

U博士：宮沢賢治の「春と修羅」の，あの修羅です．仏教用語の．

I先生：あの修羅か．奈良の興福寺にある阿修羅像は有名だね．なあ，とぽ次郎．

とぽ次郎：ワン！

本書で用いる 簡単論理・集合・写像

B.1 簡単論理

本書で必要な論理の話である．論理のあたまも大切である．

命題は真か偽のどちらか，である．P, Q が命題のとき，

(P かつ Q) は，P と Q がともに真のときにだけ真であると定義する．

(P または Q) は，P と Q の少なくとも一方が真のときに真であると定義する．

(P でない) は，P が偽のときにだけ真であると定義する．

(P かつ Q) も命題，(P または Q) も命題，(P でない) も命題である．これらをいくつか組み合わせたものも命題である．たとえば，(((P でない) かつ (Q でない)) でない) も命題であり，これは (P または Q) と同値，すなわち，真偽をともにする命題となる．

(P ならば Q) は，「P が真のときに Q が真である」ということが満たされたときそのときに限り真である，と定義する．したがって，P が偽のときは，Q の真偽によらずに (P ならば Q) は真である．

(P ならば Q) も命題であり，((P でない) または Q) と同値な命題である．

命題 (P ならば Q) に対して，命題 ((Q でない) ならば (P でない)) を**対偶**とよぶ．((Q でない) ならば (P でない)) は (Q または (P でない)) と同値である．したがって，対偶 ((Q でない) ならば (P でない)) はもとの命題 (P ならば Q) と同値な命題である．

$(P$ ならば $Q)$ は $P \Rightarrow Q$ とも表す.

命題が真のとき, 成り立つ, ともいう.

◆ **例 298**　命題 $(P \Rightarrow Q) \Rightarrow (R \Rightarrow S)$ の証明をするには,

1. $P \Rightarrow Q$ が成り立つことを仮定する.
2. R が成り立つことを仮定する. そして,
3. S が成り立つことを導く.

すなわち, $P \Rightarrow Q$ と R を仮定して, さらに正しいことがわかっている既存の事実も用いて, S を導くのである. たとえば, 導く過程で, 正しいことがわかっている既存の事実と R を組み合わせて, もし P が導かれたとしたら, $P \Rightarrow Q$ を用いて, Q が導かれる. そうすると, 正しいことがわかっている既存の事実と R と Q を組み合わせて, S を導けばよい.

$P \Rightarrow Q$ かつ $Q \Rightarrow P$ が成り立つとき, P と Q は**同値である**という. $P \Leftrightarrow Q$ と書く.

数学では通常, たくさんの命題を扱う. たとえば, 何らかの変数 (variable) x が入った命題の族 $P(x)$ も扱う. x が何を指すか, どういう範囲を動くかは, 事前に明示される. x を決めるごとに, $P(x)$ の真偽が決まっている. このとき, 考えている範囲のすべての x に対して $P(x)$ が真のときに, そのときだけ, 命題 $(\forall x, P(x))$ は真であると定義する. また, 考えている範囲の少なくとも 1 つの x について $P(x)$ が真のとき, そのときだけ, $(\exists x, P(x))$ は真であると定義する.

たとえば, x が 0 と 1 を動くとき, $(\forall x, P(x))$ は $(P(0)$ かつ $P(1))$ と同値である. $(\exists x, P(x))$ は $(P(0)$ または $P(1))$ と同値である.

やや翻訳調の言い回しになるが, $(\forall x, P(x))$ は, 任意の x について $P(x)$ が成り立つ, $(\exists x, P(x))$ は, x が存在して $P(x)$ が成り立つ, と読むと, とりあえず誤解を生じないのでお勧めである.

キーポイント

$(\forall x, P(x))$ は, 任意の x について $P(x)$ が成り立つ, と読む.

$(\exists x, P(x))$ は, x が存在して $P(x)$ が成り立つ, と読む.

◆ **例 299** (1) 命題 $((\forall x, P(x))$ でない) は命題 $(\exists x, (P(x)$ でない)) と同値である.

(2) 命題 $((\exists x, P(x))$ でない) は命題 $(\forall x, (P(x)$ でない)) と同値である.

例 299 の主張の証明は巻末の証明集にある.

B.2 簡単集合

何らかの基準があって集まっている"団体"を**集合**とよぶ. 集合のメンバーを**要素**あるいは**元**とよぶ. 集合は $A, B, \dots, X, Y, \dots$ などと大文字を使って表す場合が多い. x が集合 X の要素のとき, $x \in X$ あるいは $X \ni x$ と書き, x は X に**属する**という.

集合の表し方としては, その基準によって, 括弧 { } と | を用いて,

$$X = \{x \mid P(x)\}$$

と表すことで定めることができる. $P(x)$ が基準(要件)である. 要素を列挙して, たとえば,

$$\{2, 4, 6, \dots\}$$

などと表すこともできる. これは, 正偶数の全体の集合である. ... は省略の記号である.

事前に設定されたある集合 X の一部分を X の**部分集合**という. A が X の部分集合のとき, $A \subseteq X$ あるいは $X \supseteq A$ と表す. 部分集合は, X に属する要素のうちで, さらにある基準(要件)を満たすもの全体, として定めることができる:

$$A = \{x \in X \mid Q(x)\} \quad (= \{x \mid P(x) \text{ かつ } Q(x)\}).$$

X 自体も X の部分集合である. また, まったく要素をもたない集合も X の部分集合である. まったく要素をもたない集合を**空集合**とよぶ[1]. 空集合は $\emptyset$ と表す.

---

[1] 空集合は数学で一番重要といってよい概念である. 本書でもあらゆる場面に登場してくる (I 先生).

X の部分集合 A, B について，**和集合**（あるいは**合併集合**）$A \cup B$ を

$$A \cup B := \{x \in X \mid x \in A \text{ または } x \in B\}$$

により定義する．また，**共通部分** $A \cap B$ を

$$A \cap B := \{x \in X \mid x \in A \text{ かつ } x \in B\}$$

により定義する．**差集合**

$$B \setminus A := \{x \in B \mid x \notin A\}$$

は，B に属するが，A に属さない要素の集まりである．全体集合 X が明らかなときは，差集合 $X \setminus A$ を A の**補集合**とよび，記号 A^c で表すこともある．

演習問題 300 $\emptyset$ と $\{\emptyset\}$ はどちらが空集合か？ 😖

いくつかの（一般には無限個の）集合たちを一斉に扱う場合，補助的に**添字集合**を用いる．添字集合としては，本書では，Λ とか Γ を用いている．あまり気にしないで，とにかく無限個のものを要領よく扱っているんだな，と思ってもらえればよい．

たとえば，集合族 $\{U_\lambda\}_{\lambda \in \Lambda}$ などと表す．よくわからないが何か添字の集合 Λ があって，それでラベル付けられた集合たち U_λ があるんだね，と思えばよい．このとき，共通集合が

$$\bigcap_{\lambda \in \Lambda} U_\lambda := \{x \mid \text{任意の } \lambda \in \Lambda \text{ に対して，} x \in U_\lambda\}$$

により定まる．和集合が

$$\bigcup_{\lambda \in \Lambda} U_\lambda := \{x \mid \text{ある } \lambda \in \Lambda \text{ に対して，} x \in U_\lambda\}$$

により定まる．

集合 X 上の 2 項関係で，
(1) 任意の $x \in X$ について 「$x \sim x$」

B.3　簡単写像　　　139

(2) 任意の $x, y \in X$ について 「$x \sim y$ ならば $y \sim x$」

(3) 任意の $x, y, z \in X$ について，「$x \sim y$ かつ $y \sim z$ ならば $x \sim z$」

が成り立つとき，$\sim$ を X 上の**同値関係**とよぶ．このとき，$x \in X$ の**同値類**

$$[x] := \{y \in X \mid y \sim x\}$$

が定まり，X は同値類たちに，もれなく重複なく分類される．同値類は**剰余類**ともよばれる．同値類ひとつひとつを要素と考えてできる集合を $X/\sim$ と書き，X の $\sim$ による**商集合**あるいは**剰余集合**とよぶ．

B.3　簡単写像

写像の話である．写像を上手に使うと，数学の歯ぎれのよい説明ができる．数学のイメージ（像）を脳に写し出すことができるようになる（かもしれない）．

X と Y を集合とする．X から Y への**写像**とは，X の各要素 x に対し，Y の1つの要素 y を対応させる規則のことである．$f : X \to Y$ などと表す．$y = f(x)$ や $x \mapsto y$ という記号を使う．x が入力，y が出力，と思ってもよい．

写像 $f : X \to Y$ について，X の部分集合 A の f による**像** $f(A)$ とは

$$f(A) := \{y \in Y \mid \exists x \in A, \, y = f(x)\} = \{f(x) \mid x \in A\}$$

のことである．また，Y の部分集合 B の f による**逆像** $f^{-1}(B)$ とは

$$f^{-1}(B) := \{x \in X \mid f(x) \in B\} = \{x \in X \mid \exists y \in B, \, y = f(x)\}$$

のことである．写像 $f : X \to Y$ を $A \subseteq X$ へ制限すると，写像 $f|_A : A \to Y$ が定義される．単に $(f|_A)(x) = f(x) \ (x \in A)$ と定まるのである[2]．

写像 f によって X の異なる要素が Y の異なる要素に写されるとき，f は**単射**であるという．また，写像 f によって，任意の y に対して，y に写されるような $x \in X$ が存在するとき，f は**全射**であるという．写像 f によって

---

[2] あまり使われることがないが，写像 $f : X \to Y$ の $B \subseteq Y$ への制限も，$f|_B : f^{-1}(B) \to B$，$(f|_B)(x) = f(x) \ (x \in f^{-1}(B))$ によって自然に定義される（I 先生）．

X の異なる要素が Y の異なる要素に写され,かつ,任意の y に対して,y に写されるような $x \in X$ が存在するとき,つまり,単射かつ全射のとき,f を**全単射**であるという.

$f : X \to Y$ が全単射のとき,任意の $y \in Y$ に対して,$x \in X$ がただ1つ存在して,$y = f(x)$ となるから,逆に Y から X への写像 $y \mapsto x$ が定まる.これを全単射 f の**逆写像**とよび,$f^{-1} : Y \to X$ と表す.

X から Y への全単射が存在するとき,X と Y は同じ**濃度**をもつという.

有限集合とは,ある自然数 n について,$\{1, 2, \ldots, n\}$ と同じ濃度をもつとき,つまり全単射が存在するときにいう.**可算無限集合**とは,正の整数全体の集合 $\{1, 2, 3, \ldots\}$ と同じ濃度をもつとき,つまり全単射が存在するときにいう.有限集合と可算無限集合を**可算集合**とよぶ.可算集合ではない集合を**非可算集合**あるいは**非可算無限集合**とよぶ.非可算集合には $\{1, 2, 3, \ldots\}$ からの全単射も全射も存在しない.

●余談● とぽ次郎の冒険

とぽ次郎は夕日を見上げながら考えていた.あの空はどこに続いているのだろう.あの夕日の向こうをずっと進んでいくと,その先も無限に続いているのだろうか? 僕のまわりの世界は3次元ユークリッド空間のように見えるけど,遠くの方でも同じなんだろうか? それともまったく違う空間になっているんだろうか? 境界みたいなところはあるのだろうか? その境界の先はまた別の世界なんだろうか? 別の世界はどんな世界なんだろうか? もしかしたら,宇宙はコンパクトかもしれない.どんどん真っ直ぐに進んでいってもまたここに戻ってきたりするのかな? 戻ってきたら,全然違うとぽ次郎,だったりして… ひとことで3次元空間といっても,僕のまわりの3次元空間と,隣のシロの3次元空間は違うんじゃないかな.向かいのマンションにいるポチの3次元空間も違うんじゃないかな.みんな違うんじゃないかな.その違った空間が,どんなふうにつながっているんだろう.うちのUさんもお父さんもお母さんもパソコンやスマホを使っているけど,メールしたり,ネットサーフィンしたり,SNS とかで,世界中とつながっているんだね.僕もたまにこっそり使っているけど.遠く離れていても,すぐにつ

ながれるってすごいな．ネットワークというのかな．サイバー空間みたいなものはどう表現したらいいんだろう．I 先生が講義している位相空間なんだろうか？　連結な空間なんだろうか，非連結なんだろうか？　それとも位相以外にもっとよい表現方法があるんだろうか？　U さんが話してくれたけど，あのアインシュタイン先生は，空間も時間も区別しなかったけど，空間は逆にできるけど，時間は逆転できないよね．そんなことをちゃんと図形や空間で表せるのかな？　無理なのかな？　空間をたくさん考えれば，うまく表せるのかな．．．それから，細かな世界は量子の世界というけど，それは空間としてはどう考えたらうまく説明できるのかな．．．とにかくもっと勉強しないと．．．

　とぽ次郎のまわりは日が落ちてすっかり暗くなり，代わりに三日月がひっそりと，とぽ次郎に淡い光を投げかけていた．

とぽ次郎！
　U 博士の呼ぶ声が遠くから聞こえる．ワン！　いつものとぽ次郎に戻って，しっぽを振りながら，とぽ次郎は声のする方へ駆け出した．

付録C

巻末試験

　以下の試験問題は，本文中のどこかですでに扱っている問題またはその類題である．解けなかったら，もう一度本文を読み返してください．

巻末問題 1. xy 平面の領域 $T : x < y,\ 0 < y,\ x < 1$ が平面の開集合であることを示せ．

巻末問題 2. 関数 $f : \mathbf{R}^m \to \mathbf{R}$ と $\boldsymbol{a} \in \mathbf{R}^m$ について，次の 2 条件が同値であることを示せ．

　(i) $\boldsymbol{a}$ に収束する $\mathbf{R}^m$ 上の任意の点列 $\{\boldsymbol{a}_n\}$ に対し，$\{f(\boldsymbol{a}_n)\}$ が $f(\boldsymbol{a})$ に収束する．

　(ii) 任意の $\varepsilon > 0$ に対して，$\delta > 0$ が存在して，任意の $\boldsymbol{x} \in \mathbf{R}^m$ に対して，$d(\boldsymbol{a}, \boldsymbol{x}) < \delta$ ならば $|f(x) - f(a)| < \varepsilon$ が成り立つ．

　ただし，d は $\mathbf{R}^m$ 上のユークリッド距離である．

巻末問題 3. $\mathbf{R}^m$ 上でユークリッド距離 $d(\boldsymbol{x}, \boldsymbol{y}) := \sqrt{\sum_{i=1}^{m}(x_i - y_i)^2}$ の他に，

$$d'(\boldsymbol{x}, \boldsymbol{y}) := \max\{|x_i - y_i| \mid 1 \leqq i \leqq m\}, \quad \text{および} \quad d''(\boldsymbol{x}, \boldsymbol{y}) := \sum_{i=1}^{m} |x_i - y_i|$$

を考える．次の問いに答えよ．

　(1) d' と d'' がともに $\mathbf{R}^m$ 上の距離関数であることを確かめよ．

144　　付録 C　巻末試験

(2) 任意の $x, y \in \mathbf{R}^m$ について，3つの不等式

$$d'(\boldsymbol{x}, \boldsymbol{y}) \leqq d(\boldsymbol{x}, \boldsymbol{y}) \leqq d''(\boldsymbol{x}, \boldsymbol{y}) \leqq m \cdot d'(\boldsymbol{x}, \boldsymbol{y})$$

が成り立つことを示せ．

巻末問題 4. (X, d) を距離空間，$a \in X, r > 0$ としたとき，

$$B(a, r) := \{x \in X \mid d(a, x) < r\}$$

が X の開集合であることを示せ．

巻末問題 5. 距離空間上の距離位相について説明し，それが位相の条件（開集合系の公理）を満たすことを示せ．

巻末問題 6. 距離空間はハウスドルフ空間であることを示せ．

巻末問題 7. X を位相空間とする．このとき次を示せ．

(1) 空集合 $\emptyset$ は X の閉集合であり，X は X の閉集合である．

(2) $F_1, F_2, \ldots, F_r$ が X の閉集合の（有限個の）族ならば，和集合 $F_1 \cup F_2 \cup \cdots \cup F_r$ は X の閉集合である．

(3) F_λ $(\lambda \in \Lambda)$ が X の閉集合の（無限個でもよい）族ならば，共通部分 $\bigcap_{\lambda \in \Lambda} F_\lambda$ は X の閉集合である．

ただし，$\bigcap_{\lambda \in \Lambda} F_\lambda = \{x \in X \mid$ すべての $\lambda \in \Lambda$ について $x \in F_\lambda\}$ である．

巻末問題 8. 次の問いに答えよ．

(1) X をコンパクト位相空間とし，$A \subseteq X$ を閉集合とする．このとき，A はコンパクトであることを示せ．

(2) $A \subseteq X$ をコンパクト部分集合とし，$f: X \to Y$ を連続写像とするとき $f(A)$ は Y のコンパクト部分集合であることを示せ．

(3) Y をハウスドルフ空間とし，$B \subseteq Y$ をコンパクト部分集合とするとき，B は Y の閉集合であることを示せ．

(4) X をコンパクト位相空間，Y をハウスドルフ位相空間とする．$f: X \to Y$

が全単射で連続とするとき，f は同相写像であることを証明せよ．

巻末問題 9. X, Y を位相空間，$f : X \to Y$ を写像，A を X の連結部分集合とする．次の問いに答えよ．

(1) 写像 f が連続写像であるとはどういう意味か？　説明せよ．

(2) f が連続写像のとき，像 $f(A) \subseteq Y$ は連結部分集合であることを示せ．

(3) $Y = \mathbf{R}$, $f : X \to \mathbf{R}$ が連続，$x_0, x_1 \in A$, $f(x_0) = 0$, $f(x_1) = 1$ とする．このとき，$[0,1] \subseteq f(A)$ が成り立つことを示せ．（ただし，$\mathbf{R}$ にはユークリッド位相を入れる．）

巻末問題 10. S 君は，

「$(X, \mathcal{O})$ を位相空間，A を X のコンパクト集合とし，B を X の閉集合とする．このとき，$B \subseteq A$ ならば B は X のコンパクト集合であることを示せ」

という問題を途中まで解いた．S 君を助けて解答の続きを補ってみよ．

┌─ **S 君の解答（途中）** ─────────────

$B \subseteq \bigcup_{\alpha \in \Gamma} U_\alpha$, $U_\alpha \in \mathcal{O}$ を B の開被覆とする．$B \subseteq A$ だから，$A = B \cup (A \setminus B)$ で，B は X の閉集合だから $B^c \in \mathcal{O}$ となるので，

$$A = B \cup (A \setminus B) \subseteq \left(\bigcup_{\alpha \in \Gamma} U_\alpha \right) \cup B^c$$

は A の開被覆である．．．．

└─────────────────────────

巻末問題 11. X をハウスドルフ空間，$Z \subseteq X$ をコンパクト集合，$y \in X \setminus Z$ とする．このとき，X の開集合 U, V で，条件 $y \in U$, $Z \subseteq V$, $U \cap V = \emptyset$ を満たすものが存在することを示せ．

巻末問題 12. 次の問いに答えよ．

(1) 距離空間が完備であるとはどういう意味か説明せよ．

(2) $\mathbf{R}$ が完備であることを用いて，$\mathbf{R}^m$ が完備であることを示せ．

146　　　　　　　　　付録 C　巻末試験

巻末問題 13.　距離空間の有限部分集合は有界閉集合であることを示せ.

巻末問題 14.　$\mathbf{R}^m$ が第 2 可算公理を満たすことを示せ.

巻末問題 15.　$\mathbf{R}$ のユークリッド距離位相と $\mathbf{R}$ のユークリッド距離位相との $\mathbf{R}^2 = \mathbf{R} \times \mathbf{R}$ 上の直積位相 $\mathcal{O}_1$ および $\mathbf{R}^2$ 上のユークリッド距離位相 $\mathcal{O}_2$ を説明し, $\mathcal{O}_1 = \mathcal{O}_2$ を示せ.

巻末問題 16.　区間 $[0,1]$ 上の同値関係 $\sim$ を,

$$t \sim t' \Leftrightarrow (t = t' \text{または} (t = 0, t' = 1) \text{ または } (t = 1, t' = 0))$$

により定める. 商集合 $[0,1]/\sim$ に商位相を入れてできる位相空間 $(X, \mathcal{O}_X)$ と

$$S^1 := \{(x_1, x_2) \in \mathbf{R}^2 \mid x_1^2 + x_2^2 = 1\}$$

に相対位相を入れてできる位相空間 $(S^1, \mathcal{O}_{S^1})$ が同相であることを示せ.

　解答集の最後にヒントを付けました.

●**余談**● 位相のこころの歌.

　　　　お別れに O さんが皆さんのために歌います.

　　　　　　位相のこころは，たなごころ
　　　　　　むすんでひらいてころがして
　　　　　　位相のあたまは，ひざがしら
　　　　　　つねってたたいてひらめいて

証明集

定理 14 の証明. <u>ステップ 1</u>. まず,「A が $\mathbf{R}^2$ の開集合ならば, $A = \mathrm{Int}(A)$」を示す.

A が $\mathbf{R}^2$ の開集合とする. このとき, $A = \mathrm{Int}(A)$ を示すためには, $\mathrm{Int}(A) \subseteq A$ は常に成り立っているから, $A \subseteq \mathrm{Int}(A)$ だけを示せばよい.

$x \in A$ とする. A は $\mathbf{R}^2$ の開集合であるから, $\delta > 0$ が存在して, $B(x, \delta) \subseteq A$ となる. したがって, x は A の内点である. $A \subseteq \mathrm{Int}(A)$ となる. よって, $A = \mathrm{Int}(A)$ となる.

<u>ステップ 2</u>. 次に,「$A = \mathrm{Int}(A)$ ならば A が $\mathbf{R}^2$ の開集合」を示す. $A = \mathrm{Int}(A)$ とする. $x \in A$ とする. $A = \mathrm{Int}(A)$ だから, x は A の内点である. よって, $\delta > 0$ が存在して, $B(x, \delta) \subseteq A$ となる. よって, A は $\mathbf{R}^2$ の開集合である. $\qquad\square$

定理 19 の証明. (i) ならば (ii). A が $\mathbf{R}^2$ の閉集合とする. このとき, A の境界点がすべて A に属する. A の内点は A に属するから, $\overline{A}$ の任意の点が A に属する. よって, $\overline{A} \subseteq A$ となる. $A \subseteq \overline{A}$ は一般に成り立つから, $\overline{A} = A$ が成り立つ.

(ii) ならば (iii). $\overline{A} = A$ とする. すると, A^c は A のすべての外点からなる集合 (つまり, A の外部) となる. $y \in A^c$ とする. y は A の外点であるから, $\delta > 0$ が存在して, $B(y, \delta) \cap A = \emptyset$ となる. つまり, $B(y, \delta) \subseteq A^c$ となる. よって, A^c は $\mathbf{R}^2$ の開集合である.

(iii) ならば (i). A^c が $\mathbf{R}^2$ の開集合とする. このとき,「x が A の境界点ならば $x \in A$」を示す. そのために,「A^c が $\mathbf{R}^2$ の開集合, かつ, x が A の境界点, かつ, $x \notin A$」と仮定して矛盾を導く.

$x \notin A$ と仮定する．$x \in A^c$ である．A^c が $\mathbf{R}^2$ の開集合と仮定しているから，$\delta > 0$ が存在して，$B(x, \delta) \subseteq A^c$ となるはずである．したがって，$B(x, \delta) \cap A = \emptyset$ となるはずであるが，それは，x は A の外点であることを意味する．これは，x が A の境界点であることに矛盾する．

よって，背理法により，(iii) ならば「x が A の境界点ならば $x \in A$」すなわち，(iii) ならば (i) が成り立つ． □

定理 21 の証明．まず，「A が閉集合ならば，A 上の収束する点列の極限が A に属する」ことを示す．

A が $\mathbf{R}^2$ の閉集合とし，$\{x_n\}$ $(n = 1, 2, 3, \dots)$ を A 上の点列とし，$\{x_n\}$ がある点 $a = (a_1, a_2) \in \mathbf{R}^2$ に収束するとする．任意の x_n が A に属することに注意する．このとき，$a \in A$ を示せばよい．A は閉集合だから，「a が A の外点でないこと」を示せば，$a \in \overline{A} = A$ となり，$a \in A$ がわかる．a は $\{x_n\}$ の極限だから，任意の $\varepsilon > 0$ に対して，番号 N があって $N \leqq n$ ならば $x_n \in B(a, \varepsilon)$ となる．$x_n \in A$ であるから，$B(a, \varepsilon) \cap A \neq \emptyset$ となる．したがって，a は A の外点ではない．（よって，a は A の内点または境界点であり，）$a \in \overline{A} = A$ となる．

次に，「A 上の収束する点列の極限が A に属するならば，A が閉集合である」ことを示す．A 上の収束する点列の極限が A に属すると仮定する．$a \in \mathbf{R}^2$ が A の境界点とする．n を正の整数とする．すると，特に，$\delta = 1/n$ に対して，$B(a, 1/n) \cap A \neq \emptyset$ である．空集合でないので，$x_n \in B(a, 1/n) \cap A$ をとることができる．このとき，点列 $\{x_n\}$ は A 上の点列となる．任意の正の整数 n に対して $d(a, x_n) < 1/n$ である．この数列 $\{x_n\}$ の極限が a であることを示す．任意の $\varepsilon > 0$ に対し，番号 N を十分大きくとり，$1/N < \varepsilon$ となるように選ぶ．このとき，$N \leqq n$ である任意の n に対し，$d(a, x_n) < 1/n \leqq 1/N < \varepsilon$ となる．したがって，点列 $\{x_n\}$ は点 a に収束する．したがって，仮定により，$a \in A$ となる．よって，A のすべての境界点が A に属する．したがって，A は $\mathbf{R}^2$ の閉集合である． □

定理 23 の証明．まず「A が点列コンパクトならば A が有界閉集合」を示す．そのために，「有界閉集合でない，ならば，点列コンパクトでない」を示

す. 「有界閉集合でない」ということは, 「有界でないか, または閉集合でない」ということである.

A が有界でない, とすると, すべての自然数 n に対し, $A \not\subseteq B(\mathbf{0}, n)$ だから, 点 $B(\mathbf{0}, n) \setminus A \neq \emptyset$ なので, A 上の点列 $\{\boldsymbol{x}_n\}$ で $\boldsymbol{x}_n \notin B(\mathbf{0}, n)$ となるものが存在する. このとき, $d(\mathbf{0}, \boldsymbol{x}_n) \geqq n$ となる. したがって, 数列 $\{d(\mathbf{0}, \boldsymbol{x}_n)\}$ は ∞ に発散する. この点列 $\{\boldsymbol{x}_n\}$ はどんな部分列を選んだとしても A 上の点に限らずどんな点にも収束しない. (もし, $\{\boldsymbol{x}_n\}$ のある部分列 $\{\boldsymbol{x}_{n_k}\}$ がある点 $\boldsymbol{a} \in \mathbf{R}^2$ に収束したとすると, $d(\boldsymbol{a}, \boldsymbol{x}_{n_k}) \to 0 \ (k \to \infty)$ となるはずだが, 三角不等式からわかるように, $d(\boldsymbol{a}, \boldsymbol{x}_{n_k}) \geqq d(\mathbf{0}, \boldsymbol{x}_{n_k}) - d(\boldsymbol{a}, \mathbf{0}) \geqq n_k - d(\mathbf{0}, \boldsymbol{a}) \to \infty \ (k \to \infty)$ となり矛盾が導かれる. ちなみに $n_k \to \infty \ (k \to \infty)$ である.)

A が閉集合でない, とすると, A の境界点 $\boldsymbol{a}$ で A に属さないものが存在する. このとき, $B(\boldsymbol{a}, 1/n) \cap A \neq \emptyset$ だから, A 上の点列 $\{\boldsymbol{x}_n\}$ で, $\boldsymbol{x}_n \in B(\boldsymbol{a}, 1/n)$ となるものが存在する. 点列 $\{\boldsymbol{x}_n\}$ は $\boldsymbol{a}$ に収束し, 特に, $d(\boldsymbol{a}, \boldsymbol{x}_n) \to 0 \ (n \to \infty)$ となる. したがって, $\{\boldsymbol{x}_n\}$ のどんな部分列も A に属する点には収束しない. (なぜなら, $\{\boldsymbol{x}_n\}$ のある部分列 $\{\boldsymbol{x}_{n_k}\}$ が A に属する点 $\boldsymbol{b}$ にもし収束するとすると, $\boldsymbol{a}$ は A に属さないから, $\boldsymbol{b} \neq \boldsymbol{a}$ なので, $\varepsilon = d(\boldsymbol{b}, \boldsymbol{a}) > 0$ とおくと, $\varepsilon > 0$ であり, k を十分大きくしていくと, $d(\boldsymbol{b}, \boldsymbol{x}_{n_k}) \to 0 \ (k \to \infty)$ かつ $d(\boldsymbol{x}_{n_k}, \boldsymbol{a}) \to 0 \ (k \to \infty)$ だから, $d(\boldsymbol{b}, \boldsymbol{x}_{n_k}) < \varepsilon/2, d(\boldsymbol{x}_{n_k}, \boldsymbol{a}) < \varepsilon/2$ となり, $\varepsilon = d(\boldsymbol{b}, \boldsymbol{a}) \leqq d(\boldsymbol{b}, \boldsymbol{x}_{n_k}) + d(\boldsymbol{x}_{n_k}, \boldsymbol{a}) < \varepsilon/2 + \varepsilon/2 = \varepsilon$, つまり, $\varepsilon < \varepsilon$ となって矛盾が導かれる.)

以上により, 「点列コンパクト $\Longrightarrow$ 有界閉集合」が示された.

次に, 「A が有界閉集合ならば, A は点列コンパクトである」ことを示す.

A を有界閉集合とし, A 上の任意の点列 $\{\boldsymbol{x}_n\}$ をとる. $\boldsymbol{x}_n = (x_{1n}, x_{2n})$ とおく. A は有界だから, 数列 $\{x_{1n}\}, \{x_{2n}\}$ はそれぞれ有界である. したがって, 数列 $\{x_{1n}\}$ のある部分列 $\{x_{1n_k}\}$ が収束する (☞ 定理294). その極限値を a_1 とおく. また, k に関する数列 $\{x_{2n_k}\}$ のある部分列 $\{x_{2n_{k_\ell}}\}$ が収束する. その極限値を a_2 とおく. 記号が複雑になるので記号を変えて, そして改めて k で番号付けて部分列を $\{x_{1n_k}\}$ および $\{x_{2n_k}\}$ と記せば, $x_{1n_k} \to a_1 \ (k \to \infty)$ および $x_{2n_k} \to a_2 \ (k \to \infty)$ となる. したがって, 点列 $\{(x_{1n_k}, x_{2n_k})\}$ は点 $\boldsymbol{a} = (a_1, a_2)$ に収束する. いま, A は閉集合であるから, 定理21により, $\boldsymbol{a}$ は A に属することがわかる. したがって, A の任意の点

列 $\{x_n\}$ に対して，ある部分列 $\{x_{n_k}\}$ が A の点に収束するから，A は点列コンパクトである. □

定理 28 の証明. まず，「(1) ならば (2)」を示す．そのために，対偶「(2) でない，ならば，(1) でない」ことを示そう．(2) が成り立たないと仮定する．(2) の否定は，ある $\varepsilon > 0$ があって，任意の $\delta > 0$ に対して，$|f(\boldsymbol{x}) - f(\boldsymbol{a})| < \varepsilon$ とはならないような $\boldsymbol{x} \in B(\boldsymbol{a}, \delta)$ が存在する，ということである．特に，$n = 1, 2, 3, \ldots$ に対して，$\delta = \frac{1}{n}$ にあてはめると，点 $\boldsymbol{x}_n \in B(\boldsymbol{a}, \frac{1}{n})$ が存在して，$|f(\boldsymbol{x}_n) - f(\boldsymbol{a})| \geqq \varepsilon$ となる．このとき，$d(\boldsymbol{a}, \boldsymbol{x}_n) \to 0 \ (n \to \infty)$，つまり，$\boldsymbol{x}_n \to \boldsymbol{a} \ (n \to \infty)$ でありながら，点列 $\{f(\boldsymbol{x}_n)\}$ は $f(\boldsymbol{a})$ に収束しない．これは，(1) でないこと，つまり f が $\boldsymbol{a}$ で連続でないことを導く．よって，対偶が示されたので，(1) ならば (2) が示された.

次に「(2) ならば (1)」を示す．(2) を仮定する．$\{x_n\}$ を $\boldsymbol{a}$ に収束する $\mathbf{R}^2$ 上の点列とする．このとき，数列 $\{f(\boldsymbol{x}_n)\}$ が $f(\boldsymbol{a})$ に収束するかどうか確かめる．(2) より，任意の $\varepsilon > 0$ に対して，$\delta > 0$ が存在して，$\boldsymbol{x} \in \mathbf{R}^2$ について，$d(\boldsymbol{a}, \boldsymbol{x}) < \delta$ ならば $|f(\boldsymbol{x}) - f(\boldsymbol{a})| < \varepsilon$ が成り立つ．$\{x_n\}$ は $\boldsymbol{a}$ に収束するから，番号 n_0 が存在して，$n_0 \leqq n$ ならば $d(\boldsymbol{a}, \boldsymbol{x}_n) < \delta$ となる．よって，$|f(\boldsymbol{x}_n) - f(\boldsymbol{a})| < \varepsilon$ が成り立つ．まとめると，任意の $\varepsilon > 0$ に対し，番号 n_0 が存在して，$n_0 \leqq n$ ならば $|f(\boldsymbol{x}_n) - f(\boldsymbol{a})| < \varepsilon$ が成り立つので，$\{f(\boldsymbol{x}_n)\}$ は $f(\boldsymbol{a})$ に収束する．したがって，f は $\boldsymbol{a}$ で連続である．よって (2) ならば (1) が示された.

次に「(2) ならば (3)」を示す．(2) を仮定する．このとき，$\boldsymbol{a}$ の δ-近傍 $B(\boldsymbol{a}, \delta)$ を N とおけば，(3) が成り立つ．よって (2) ならば (3) が成り立つ.

最後に「(3) ならば (2)」を示す．(3) を仮定する．任意の $\varepsilon > 0$ に対し，$\boldsymbol{a}$ の近傍 N が存在して，任意の $\boldsymbol{x} \in N$ に対して，$|f(\boldsymbol{x}) - f(\boldsymbol{a})| < \varepsilon$ が成り立つ．N は $\boldsymbol{a}$ の近傍であるから，$\delta > 0$ が存在して，$B(\boldsymbol{a}, \delta) \subseteq N$ となる．すると，任意の $\boldsymbol{x} \in B(\boldsymbol{a}, \delta)$ に対して，$|f(\boldsymbol{x}) - f(\boldsymbol{a})| < \varepsilon$ が成り立つ．よって (3) ならば (2) が成り立つ. □

定理 30 の証明. 条件 (i) は，任意の $\boldsymbol{a} \in \mathbf{R}^2$ について，定理 28 の (1) が成り立つことである．同様に，条件 (ii) は，任意の $\boldsymbol{a} \in \mathbf{R}^2$ について，定理 28

の (2) が成り立つことであり，また，条件 (iii) は，任意の $a \in \mathbf{R}^2$ について，定理 28 の (3) が成り立つことである．いま，定理 28 により，条件 (1), (2), (3) は互いに同値であるから，条件 (i), (ii), (iii) は互いに同値である． $\square$

定理 32 の証明. まず「(1) ならば (2)」を示す．そのために，対偶「(2) でない，ならば，(1) でない」ことを示そう．(2) が成り立たないと仮定する．(2) の否定は，ある $\varepsilon > 0$ があって，任意の $\delta > 0$ に対して，$x \in \mathbf{R}^2$ が存在して，$d(a, x) < \delta$ かつ $d(f(a), f(x)) \geqq \varepsilon$ となるということである．特に，$n = 1, 2, 3, \ldots$ に対して，$\delta = \frac{1}{n}$ にあてはめると，$x_n \in \mathbf{R}^2$ が存在して，$0 \leqq d(a, x_n) < \frac{1}{n}$ かつ $d(f(a), f(x_n)) \geqq \varepsilon$ である．そうすると，$d(a, x_n) \to 0 \ (n \to \infty)$，つまり，$x_n \to a \ (n \to \infty)$ でありながら，$f(x_n)$ は $f(a)$ に収束しない．これは，(1) でないこと，つまり f が a で連続でないことを導く．よって，対偶が示されたので，(1) ならば (2) が示された．

次に「(2) ならば (1)」を示す．(2) を仮定する．$\{x_n\}$ を a に収束する $\mathbf{R}^2$ 上の点列とする．このとき，$\mathbf{R}^2$ 上の点列 $f(x_n)$ が $f(a)$ に収束するか確かめる．任意に $\varepsilon > 0$ をとる．(2) より，$\delta > 0$ が存在して，$d(a, x) < \delta$ ならば $d(f(a), f(x)) < \varepsilon$ が成り立つ．x_n は a に収束するから，その δ について，番号 n_0 が存在して，$n_0 \leqq n$ ならば $d(a, x_n) < \delta$ となり，$d(f(a), f(x_n)) < \varepsilon$ となる．まとめると，任意の $\varepsilon > 0$ に対し，番号 n_0 が存在して，$n_0 \leqq n$ ならば $d(f(a), f(x_n)) < \varepsilon$ が成り立つので，$f(x_n)$ は $f(a)$ に収束する．したがって，f は a で連続である．よって (2) ならば (1) が示された．

(2′) は (2) を言い換えた条件なので，(2) と (2′) は同値である．

次に「(2′) ならば (3)」を示す．(2′) を仮定する．M を $f(a)$ の近傍とする．定義 25 から，$\varepsilon > 0$ が存在して，$B(f(a), \varepsilon) \subseteq M$ である．その ε に対して，(2′) から，$\delta > 0$ が存在して，$f(B(a, \delta)) \subseteq B(f(a), \varepsilon)$ となる．そこで，$N = B(a, \delta)$ とおくと，N は a の近傍であり，$f(N) \subseteq B(f(a), \varepsilon) \subseteq M$ となる．よって (2′) ならば (3) が成り立つ．

次に「(3) ならば (3′)」を示す．(3) を仮定する．$f(a)$ の任意の開近傍 U をとる．仮定 (3) より，a の近傍 N が存在して，$f(N) \subseteq U$ となる．N は a の近傍なので，a は N の内点であるため，V を N の内部として定めれば，V は a の開近傍で，$f(V) \subseteq U$ が成り立つ．よって，(3′) が導かれる．

最後に「(3′) ならば (2′)」を示す. (3′) を仮定する. 任意の $\varepsilon > 0$ に対し, $U = B(f(\boldsymbol{a}), \varepsilon)$ を考える. U は $f(\boldsymbol{a})$ の開近傍である. U に (3′) を適用すれば, $\boldsymbol{a}$ の開近傍 V が存在して, $f(V) \subseteq U$ となる. V は $\boldsymbol{a}$ の近傍だから, $\delta > 0$ が存在して, $B(\boldsymbol{a}, \delta) \subseteq V$ となる. すると, $f(B(\boldsymbol{a}, \delta)) \subseteq f(V) \subseteq U = B(f(\boldsymbol{a}), \varepsilon)$ となる. つまり, 任意の $\varepsilon > 0$ に対し, $\delta > 0$ が存在して, $f(B(\boldsymbol{a}, \delta)) \subseteq B(f(\boldsymbol{a}), \varepsilon)$ となり (2′) が導かれる. よって (3′) ならば (2′) が成り立つ.

以上により5条件 (1), (2), (2′), (3), (3′) がすべて互いに同値な条件であることが証明された. $\square$

定理 45 の証明のキーポイント. 定理 23 の証明とほぼ同様である.「有界閉集合 $\Longrightarrow$ 点列コンパクト」の証明のところでは, 点列 $\{\boldsymbol{x}_n\}$, ただし $\boldsymbol{x}_n = (x_{1n}, x_{2n}, x_{3n}, \ldots, x_{mn})$ の収束部分列をとるために, 数列 $\{x_{1n}\}$ の収束部分列 $\{x_{1n_k}\}$ をとって, それに応じて数列 $\{x_{2n_k}\}$ を考えて, その収束部分列 $\{x_{2n_{k_\ell}}\}$ をとって, それに応じて数列 $\{x_{3n_{k_\ell}}\}$ を考えて, という操作をステージ m まで続ける, ということを実行すればよい. $\square$

定理 59 の証明. 任意の $x, y, z \in A$ について,

1. (対称性) $d_A(x, y) = d_A(y, x)$ が成り立つ.

2. (正値性1) $d_A(x, y) \geqq 0$ である.

3. (正値性2) $d_A(x, y) = 0$ になるのは $x = y$ のときに限る.

4. (三角不等式) $d_A(x, z) \leqq d_A(x, y) + d_A(y, z)$ が成り立つ.

ということを示せばよいが, これらは, 任意の $x, y, z \in X$ について成り立っているから, それを A の上に限って考えても, もちろん成立する. (距離関数 d を $A \times A$ に制限して得られるものであるから自動的に成立する.) $\square$

補題 69 の証明. (1) 任意に $a \in X$ をとる. $\delta > 0$ (この場合の δ は任意に1つとればよい) に対し, $B(a, \delta)$ は X の中で考えているから, 当然, $B(a, \delta) \subseteq X$ となり, X は X の開集合である.

(2) 任意の $a \in \emptyset$ に対して云々 (うんぬん), というのが条件であるが, 空集合 $\emptyset$ には要素が存在しないから, 条件は「無条件でクリア」されているので成立している. よって, $\emptyset$ は X の開集合である. $\square$

証明集　　　155

定理 71 の証明. $y \in B(x,r)$ を任意にとる. $d(x,y) < r$ である. $\delta = r - d(x,y)$ とおくと, $\delta > 0$ であり, $B(y,\delta) \subseteq B(x,r)$ が成り立つ.

実際, 任意に $z \in B(y,\delta)$ をとる. $d(y,z) < \delta = r - d(x,y)$ である. よって,

$$d(x,z) \leqq d(x,y) + d(y,z) < d(x,y) + (r - d(x,y)) = r$$

となる. よって, $d(x,z) < r$ である. したがって, $z \in B(x,r)$ となり, z は任意だから, $B(y,\delta) \subseteq B(x,r)$ となるのである.

よって, $B(x,r)$ は X の開集合である. $\qquad\qquad\square$

定理 92 の証明. (1) $\emptyset^c = X \setminus \emptyset = X$ であり, 定理 80 (1) より, X は X の開集合であるから, $\emptyset$ は X の閉集合である. また, $X^c = X \setminus X = \emptyset$ であり, 定理 80 (1) より, $\emptyset$ は X の開集合であるから, X は X の閉集合である.

(2) $F_1, F_2, \ldots, F_r$ を X の閉集合とする. このとき, $F_1^c, F_2^c, \ldots, F_r^c$ は X の開集合である. したがって, 定理 80 (2) より,

$$F_1^c \cap F_2^c \cap \cdots \cap F_r^c = (F_1 \cup F_2 \cup \cdots \cup F_r)^c$$

は X の開集合であるから, $F_1 \cup F_2 \cup \cdots \cup F_r$ は X の閉集合である.

(3) $F_\lambda \ (\lambda \in \Lambda)$ を X の閉集合とする. このとき $(F_\lambda)^c$ は X の開集合である. よって, 定理 80 (3) より,

$$\bigcup_{\lambda \in \Lambda} (F_\lambda)^c = \left(\bigcap_{\lambda \in \Lambda} F_\lambda \right)^c$$

は X の開集合であるから, $\bigcap_{\lambda \in \Lambda} F_\lambda$ は X の閉集合である. $\qquad\square$

定理 95 の証明. まず, 「(1) ならば (2)」を示す. そのために, 対偶「(2) でない, ならば, (1) でない」ことを示そう. (2) が成り立たないと仮定する. (2) の否定は, ある $\varepsilon > 0$ があって, 任意の $\delta > 0$ に対して, $x \in B(a,\delta)$ であっても $|f(x) - f(a)| < \varepsilon$ とはならない, ということである. 特に, $n = 1, 2, 3, \ldots$ に対して, $\delta = \frac{1}{n}$ にあてはめると, 点 $x_n \in B(a, \frac{1}{n})$ が存在して, $|f(x_n) - f(a)| \geqq \varepsilon$ となる. このとき, $d(a, x_n) \to 0 \ (n \to \infty)$, つまり, $x_n \to a \ (n \to \infty)$ でありながら, $f(x_n)$ は $f(a)$ に収束しない. これは, (1) でないこと, つまり f

が a で連続でないことを導く. よって, 対偶が示されたので, (1) ならば (2) が示された.

次に「(2) ならば (1)」を示す. (2) を仮定する. x_n を a に収束する X 上の点列とする. このとき, 数列 $\{f(x_n)\}$ が $f(a)$ に収束するかどうか確かめる. (2) より, 任意の $\varepsilon > 0$ に対して, $\delta > 0$ が存在して, $d(x,a) < \delta$ ならば $|f(x) - f(a)| < \varepsilon$ が成り立つ. x_n は a に収束するから, 番号 n_0 が存在して, $n_0 \leqq n$ ならば $d(a, x_n) < \delta$ となる. よって, $|f(x_n) - f(a)| < \varepsilon$ が成り立つ. まとめると, 任意の $\varepsilon > 0$ に対し, 番号 n_0 が存在して, $n_0 \leqq n$ ならば $|f(x_n) - f(a)| < \varepsilon$ が成り立つので, $f(x_n)$ は $f(a)$ に収束する. したがって, f は a で連続である. よって (2) ならば (1) が示された.

次に「(2) ならば (3)」を示す. (2) を仮定する. このとき, a の δ-近傍 $B(a, \delta)$ を N とおけば, (3) が成り立つ. よって (2) ならば (3) が成り立つ.

最後に「(3) ならば (2)」を示す. (3) を仮定する. 任意の $\varepsilon > 0$ に対し, a の近傍 N が存在して, 任意の $x \in N$ に対して, $|f(x) - f(a)| < \varepsilon$ が成り立つ. N は a の近傍であるから, $\delta > 0$ が存在して, $B(a, \delta) \subseteq N$ となる. すると, 任意の $x \in B(a, \delta)$ に対して, $|f(x) - f(a)| < \varepsilon$ が成り立つ. よって (3) ならば (2) が成り立つ. $\qquad\square$

定理 102 の証明. まず,「(1) ならば (2)」を示す. そのために, 対偶「(2) でない, ならば, (1) でない」ことを示そう. (2) が成り立たないと仮定する. (2) の否定は, ある $\varepsilon > 0$ があって, 任意の $\delta > 0$ に対して, $x \in X$ が存在して, $d_X(a, x) < \delta$ かつ $d_Y(f(a), f(x)) \geqq \varepsilon$ となるということである. 特に, $n = 1, 2, 3, \ldots$ に対して, $\delta = \frac{1}{n}$ にあてはめると, $x_n \in X$ があって, $0 \leqq d_X(a, x_n) < \frac{1}{n}$ であり, $d_Y(f(a), f(x_n)) \geqq \varepsilon$ である. そうすると, $d_X(a, x_n) \to 0 \ (n \to \infty)$, つまり, $x_n \to a \ (n \to \infty)$ でありながら, $f(x_n)$ は $f(a)$ に収束しない. これは, (1) でないこと, つまり f が連続写像でないことを導く. よって, 対偶が示されたので, (1) ならば (2) が示された.

次に「(2) ならば (1)」を示す. (2) を仮定する. $\{x_n\}$ を a に収束する X 上の任意の点列とする. このとき, Y 上の点列 $\{y_n\} = \{f(x_n)\}$ が $f(a)$ に収束するかどうか確かめる. 任意に $\varepsilon > 0$ をとる. (2) より, $\delta > 0$ が存在して, $d_X(a, x) < \delta$ ならば $d_Y(f(a), f(x)) < \varepsilon$ となる. $\{x_n\}$ は a に収束す

るから，番号 n_0 が存在して，$n_0 \leq n$ ならば $d(a, x_n) < \delta$ となる．このとき，$d_Y(f(a), f(x_n)) < \varepsilon$ となる．まとめると，任意の $\varepsilon > 0$ に対し，番号 n_0 が存在して，$n_0 \leq n$ ならば $d_Y(f(a), f(x_n)) < \varepsilon$ が成り立つ．したがって，$d_Y(f(a), f(x_n)) \to 0 \; (n \to \infty)$ であり，Y 上の点列 $f(x_n)$ は $f(a)$ に収束する．よって，f は a で連続である．以上により (2) ならば (1) が示された．

条件 (2′) は条件 (2) を単純に書き換えたものであるから，(2) と (2′) は同値である．

次に「(2′) ならば (3)」を示す．(2′) を仮定する．M を $f(a)$ の近傍とする．すると，$\varepsilon > 0$ が存在して，$B(f(a), \varepsilon) \subseteq M$ となる．その正数 ε に対して，(2′) から，$\delta > 0$ が存在して，$f(B(a, \delta)) \subseteq B(f(a), \varepsilon)$ となる．そこで，$N = B(a, \delta)$ とおくと，N は a の近傍であり，$f(N) \subseteq B(f(a), \varepsilon) \subseteq M$ となる．よって (2′) ならば (3) が成り立つ．

次に「(3) ならば (3′)」を示す．(3) を仮定する．Y における $f(a)$ の任意の開近傍 U をとる．(3) により，X における a の近傍 N が存在して，$f(N) \subseteq U$ となる．V を N の内部として定めれば，V は a の開近傍であり，$V \subseteq N$ であるから，$f(V) \subseteq f(N) \subseteq U$ となる．したがって，(3′) が導かれる．

最後に「(3′) ならば (2′)」を示す．(3′) を仮定する．任意の $\varepsilon > 0$ に対し，$B(f(a), \varepsilon)$ を考える．$U = B(f(a), \varepsilon)$ に (3′) を適用すれば，a の開近傍 V が存在して，$f(V) \subseteq U$ となる．V は a の開近傍だから，$\delta > 0$ が存在して，$B(a, \delta) \subseteq V$ となる．すると，$f(B(a, \delta)) \subseteq f(V) \subseteq U = B(f(a), \varepsilon)$ となる．つまり，任意の $\varepsilon > 0$ に対し，$\delta > 0$ が存在して，$f(B(a, \delta)) \subseteq B(f(a), \varepsilon)$ となり (2′) が導かれる．よって (3′) ならば (2′) が成り立つ．

以上により 5 条件 (1), (2), (2′), (3), (3′) がすべて互いに同値であることが示された． $\square$

定理 106 の証明. (i) ならば (iv)：(i) を仮定する．定理 105 から (i) と同値な条件 (ii′) が成り立つ．U を Y の任意の開集合とする．$f^{-1}(U)$ が X の開集合であることを示すために，任意に $a \in f^{-1}(U)$ をとる．$f(a) \in U$ である．U は Y の開集合であるから，$\varepsilon > 0$ を選べば，$B(f(a), \varepsilon) \subseteq U$ となる．(ii′) より $\delta > 0$ が存在して，$f(B(a, \delta)) \subseteq B(f(a), \varepsilon)$ となる．したがって，$f(B(a, \delta)) \subseteq U$ となる．これは，$B(a, \delta) \subseteq f^{-1}(U)$ を意味する．任意

の $a \in f^{-1}(U)$ に対し，$\delta > 0$ が存在して，$B(a,\delta) \subseteq f^{-1}(U)$，となるから，$f^{-1}(U)$ は X の開集合である．よって，(iv) が導かれた．よって，(i) $\Rightarrow$ (iv) が成り立つ．

(iv) ならば (i)：(iv) を仮定する．(i) を直接示すために，任意に $a \in X$ をとり，x_n を a に収束する任意の点列とする．任意に $\varepsilon > 0$ をとり，$U = B(f(a),\varepsilon)$ とおく．U は Y の開集合である．よって，(iv) より，$f^{-1}(U)$ は X の開集合である．$f(a) \in U$ であるから，$a \in f^{-1}(U)$ である．つまり，$f^{-1}(U)$ は a の開近傍である．したがって，$\delta > 0$ が存在して，$B(a,\delta) \subseteq f^{-1}(U)$ となる．点列 x_n は点 a に収束するから，番号 n_0 が存在して，$n_0 \leqq n$ ならば $x_n \in B(a,\delta)$ となる．$B(a,\delta) \subseteq f^{-1}(U)$ であるから，$f(B(a,\delta)) \subseteq U$ である．このとき，$f(x_n) \in f(B(a,\delta)) \subseteq U = B(f(a),\varepsilon)$ である．したがって，$d_Y(f(a),f(x_n)) < \varepsilon$ である．つまり，任意の $\varepsilon > 0$ に対し，番号 n_0 が存在して，$n_0 \leqq n$ ならば，$d_Y(f(a),f(x_n)) < \varepsilon$ となる．したがって，Y 上の点列 $f(x_n)$ は点 $f(a)$ に収束する．よって，f は点 a で連続である．$a \in X$ は任意だから，f は連続写像であることがわかり，(i) が導かれる．よって (iv) $\Rightarrow$ (i) が成り立つ．

(iv) ならば (iv$'$)：(iv) が成り立つと仮定する．F を Y の閉集合とする．補集合 $Y \setminus F$ は X の開集合である（☞ 閉集合の特徴付け：定理 85）．(iv) により，逆像 $f^{-1}(Y \setminus F)$ は X の開集合である．$f^{-1}(Y \setminus F) = \{x \in X \mid f(x) \notin F\} = X \setminus f^{-1}(F)$ が成り立つので，$X \setminus f^{-1}(F)$ は X の開集合である．したがって，$f^{-1}(F)$ は X の閉集合である．よって (iv$'$) が成り立つ．よって (iv) $\Rightarrow$ (iv$'$) が成り立つ．

(iv$'$) ならば (iv)：(iv$'$) が成り立つと仮定する．U を Y の開集合とする．補集合 $Y \setminus U$ は Y の閉集合である．(iv$'$) から 逆像 $f^{-1}(Y \setminus U)$ は X の閉集合である．$f^{-1}(Y \setminus U) = X \setminus f^{-1}(U)$ であるから，$X \setminus f^{-1}(U)$ は X の閉集合である．よって，$f^{-1}(U)$ は X の開集合である．したがって (iv) が成り立つ．よって (iv$'$) $\Rightarrow$ (iv) が成り立つ． $\square$

定理 123 の証明． まず，「U が X の開集合」ならば「$U^\circ = U$」を示す．

U が X の開集合であると仮定する．任意の $x \in U$ をとる．U は $x \in U \subseteq U$ を満たす X の開集合であるから，x は U の内点である．よって，$x \in U^\circ$

となる．したがって，$U \subseteq U^\circ$ が成り立つ．$U^\circ \subseteq U$ は常に成り立つから，$U^\circ = U$ が成り立つ．

次に，「$U^\circ = U$」ならば「U が X の開集合」を示す．

$U^\circ = U$ が成り立つことを仮定する．任意の $x \in U$ をとる．仮定から，x は U の内点である．したがって，$x \in V_x \subseteq U$ となる X の開集合 V_x が存在する．すると，x を U 上で動かして和集合をとっても $\bigcup_{x \in U} V_x \subseteq U$ となる．また，任意の $x \in U$ について，$x \in V_x$ であるから，$x \in \bigcup_{x \in U} V_x$ となり，$U \subseteq \bigcup_{x \in U} V_x$ も成り立つ．したがって，$U = \bigcup_{x \in U} V_x$ が成り立つ．各 V_x は X の開集合であるから，$\bigcup_{x \in U} V_x$ は X の開集合となる（☞ 開集合系の公理：定義 111）．よって，U は X の開集合である．　□

定理 129 の証明．まず，「F が閉集合」ならば「F^c が開集合」を示す．

F が閉集合であると仮定する．F のすべての境界点は F に属している．任意の $y \in F^c$ をとる．y は F に属していないから，y は F の内点ではない．また，F が閉集合であるという仮定から，y は F の境界点でもない．よって，y は F の外点である．したがって，$y \in W_y$ となる X の開集合 W_y が存在して，$W_y \cap F = \emptyset$ となる．このとき，$W_y \subseteq F^c$ である．$y \in F^c$ は任意だから，

$$\bigcup_{y \in F^c} W_y \subseteq F^c$$

となる．$y \in W_y$ だから，$F^c \subseteq \bigcup_{y \in F^c} W_y$ も成り立つ．したがって，$F^c = \bigcup_{y \in F^c} W_y$ となる．各 W_y は X の開集合なので，それらの和集合 $\bigcup_{y \in F^c} W_y$ も X の開集合である．よって，F^c は X の開集合となる．

次に，「F^c が開集合」ならば「F が閉集合」を示す．

F^c が開集合であると仮定する．このとき，F のすべての境界点が F に属することを示したい．そのために，任意の $y \in F^c$ をとり，それが必ず F の外点になることを見る．そうすれば F の境界点は必然的に F^c には属さない，すなわち，F に属することになるからである．さて，任意の $y \in F^c$ をとる．F^c が開集合であると仮定しているから，F^c は $y \in F^c$ を満たす X の開集合であり，$F^c \cap F = \emptyset$ である．したがって，y は F の外点である（☞ 定義 121）．よって，F の境界点は F に属する．したがって，F は X の閉集合である．　□

160 証明集

定理 130 の証明. (1) $\emptyset \in \mathcal{O}$ だから, $X = X \setminus \emptyset \in \mathcal{F}$ である. $X \in \mathcal{O}$ だから, $\emptyset = X \setminus X \in \mathcal{F}$ である.

(2) $F_i^c = X \setminus F_i \in \mathcal{O}$ であり,

$$\left(\bigcup_{i=1}^{n} F_i\right)^c = \bigcap_{i=1}^{n} F_i^c \in \mathcal{O}$$

であるから, $\bigcup_{i=1}^{n} F_i \in \mathcal{F}$ である.

(3) $F_\lambda^c = X \setminus F_\lambda \in \mathcal{O}$ であり,

$$\left(\bigcap_{\lambda \in \Lambda} F_\lambda\right)^c = \bigcup_{\lambda \in \Lambda} F_\lambda^c \in \mathcal{O}$$

であるから, $\bigcap_{\lambda \in \Lambda} F_\lambda \in \mathcal{F}$ である. $\square$

定理 141 の証明. (1) $\emptyset \in \mathcal{O}$ であるから, $\emptyset = \emptyset \cap A \in \mathcal{O}_A$ である. また, $X \in \mathcal{O}$ であるから, $A = X \cap A \in \mathcal{O}_A$ である.

(2) $V_1, \ldots, V_r \in \mathcal{O}_A$ とする. 各 $i = 1, \ldots, r$ について, $V_i = U_i \cap A$ となる $U_i \in \mathcal{O}$ が存在する. このとき,

$$\bigcap_{i=1}^{r} V_i = \bigcap_{i=1}^{r} (U_i \cap A) = \left(\bigcap_{i=1}^{r} U_i\right) \cap A$$

であるが, $\bigcap_{i=1}^{r} U_i \in \mathcal{O}$ であるから, $\bigcap_{i=1}^{r} V_i \in \mathcal{O}_A$ となる.

(3) $V_\lambda \in \mathcal{O}_A$ $(\lambda \in \Lambda)$ とする[1]. 各 $\lambda \in \Lambda$ について, $V_\lambda = U_\lambda \cap A$ となる $U_\lambda \in \mathcal{O}$ が存在する. このとき,

$$\bigcup_{\lambda \in \Lambda} V_\lambda = \bigcup_{\lambda \in \Lambda} (U_\lambda \cap A) = \left(\bigcup_{\lambda \in \Lambda} U_\lambda\right) \cap A$$

であるが, $\bigcup_{\lambda \in \Lambda} U_\lambda \in \mathcal{O}$ であるから, $\bigcup_{\lambda \in \Lambda} V_\lambda \in \mathcal{O}_A$ となる. $\square$

定理 152 の証明. (I) $\Rightarrow$ (II) : (I) を仮定する. Y の任意の開集合 U をとる. $f^{-1}(U)$ の任意の点 a をとる. $f(a) \in U$ である. U は $f(a)$ の開近傍である. よって, 仮定 (I) から a の開近傍 V が存在して, $f(V) \subseteq U$ となる. すると, $V \subseteq f^{-1}(U)$ である. (任意の $x \in V$ について, $f(x) \in U$ であるから,

---
[1] ここで, Λ は添字集合である.

$x \in f^{-1}(U)$ である.) したがって, a は $f^{-1}(U)$ の内点となる. a は $f^{-1}(U)$ の任意の点であったから, $f^{-1}(U)$ は X の開集合である. よって (II) を得る. よって (I) $\Rightarrow$ (II) が成り立つ.

(II) $\Rightarrow$ (I) : (II) を仮定する. X の任意の点 a をとり, $f(a)$ の任意の開近傍 U をとる. 仮定 (II) から $f^{-1}(U)$ は X の開集合である. また, $a \in f^{-1}(U)$ である. つまり, $f^{-1}(U)$ は a の開近傍である. したがって $V = f^{-1}(U)$ とおけば, $f(V) \subseteq U$ となり, (I) を得る. よって (II) $\Rightarrow$ (I) が成り立つ.

(II) $\Rightarrow$ (III) : (II) を仮定する. F を Y の任意の閉集合とする. 差集合 $Y \setminus F$ は X の開集合である. 仮定 (II) により, $f^{-1}(Y \setminus F)$ は X の開集合である.

$$f^{-1}(Y \setminus F) = \{x \in X \mid f(x) \notin F\} = X \setminus f^{-1}(F)$$

が成り立つので, $X \setminus f^{-1}(F)$ は X の開集合である. したがって, $f^{-1}(F)$ は X の閉集合である. よって (III) が成り立つ. よって (II) $\Rightarrow$ (III) が成り立つ.

(III) $\Rightarrow$ (II) : (III) が成り立つと仮定して, U を Y の開集合とする. $Y \setminus U$ は Y の閉集合である. (III) から $f^{-1}(Y \setminus U)$ は X の閉集合である. $f^{-1}(Y \setminus U) = X \setminus f^{-1}(U)$ は X の閉集合である. よって, $f^{-1}(U)$ は X の開集合である. よって (II) が成り立つ. よって (III) $\Rightarrow$ (II) が成り立つ. $\square$

定理 155 の証明. $g \circ f : X \to Z$ が各点 $a \in X$ で連続なことを示す. 任意に $a \in X$ をとる. $(g \circ f)(a) \in Z$ の任意の開近傍 W をとる. $f(a) \in Y$ である. g は $f(a)$ で連続だから, $g(f(a)) = (g \circ f)(a)$ の開近傍 W に対して $f(a)$ の開近傍 V が存在して, $g(V) \subseteq W$ となる. また, f は a で連続だから, $f(a)$ の開近傍 V に対して, a の開近傍 U が存在して $f(U) \subseteq V$ となる. このとき, $(g \circ f)(U) = g(f(U)) \subseteq g(V) \subseteq W$ となる. したがって, $g \circ f$ は a で連続である. したがって $g \circ f$ は連続写像である. $\square$

定理 155 の別証明. U を Z の任意の開集合とする. $(g \circ f)^{-1}(U)$ が X の開集合であることを示す. $(g \circ f)^{-1}(U) = f^{-1}(g^{-1}(U))$ である. いま, g が連続写像だから $g^{-1}(U)$ は Y の開集合である. f が連続写像で $g^{-1}(U)$ が Y の開集合であるから, $f^{-1}(g^{-1}(U))$ は X の開集合である. したがって,

$(g \circ f)^{-1}(U)$ は X の開集合である. よって, $g \circ f$ は連続写像である. □

定理 165 の証明. まず「(1) ならば (2)」を示す. (1) を仮定する. $A = A_1 \cup A_2$, $A_1 \neq \emptyset$, $A_2 \neq \emptyset$, $A_1 \cap \overline{A_2} = \emptyset$, $\overline{A_1} \cap A_2 = \emptyset$ と分解できる. $A_1 \cap \overline{A_2} = \emptyset$ だから, A_1 の各点は A_2 の外点である. 任意の点 $x \in A_1$ をとる. x は A_2 の外点であるから, x の開近傍 U_{1x} が存在して, $U_{1x} \cap A_2 = \emptyset$ となる. $U_1 = \bigcup_{x \in A_1} U_{1x}$ とおく. U_1 は開集合で, $A_1 \subseteq U_1$, $U_1 \cap A_2 = \emptyset$ が成り立つ. また, $\overline{A_1} \cap A_2 = \emptyset$ だから, A_2 の各点は A_1 の外点である. 任意の点 $y \in A_2$ をとる. y は A_1 の外点であるから, y の開近傍 U_{2y} が存在して, $A_1 \cap U_{2y} = \emptyset$ となる. $U_2 = \bigcup_{y \in A_2} U_{2y}$ とおく. U_2 は開集合で, $A_2 \subseteq U_2$, $A_1 \cap U_2 = \emptyset$ が成り立つ. すると, $A_1 \subseteq U_1$, $A_2 \subseteq U_2$ であり, $A = A_1 \cup A_2$ だから, $A \subseteq U_1 \cup U_2$ となる. $A \cap U_1 = A_1 \neq \emptyset$, $A \cap U_2 = A_2 \neq \emptyset$ であり, さらに, $U_1 \cap A_2 = \emptyset$, $A_1 \cap U_2 = \emptyset$ であるから, $A \cap U_1 \cap U_2 = (A_1 \cap U_1 \cap U_2) \cup (A_2 \cap U_1 \cap U_2) = \emptyset$ も成り立つ. よって, (2) が導かれる. したがって, (1) ならば (2) が成り立つ.

次に「(2) ならば (1)」を示す. (2) を仮定する. 開集合 U_1, U_2 が存在して, $A \subseteq U_1 \cup U_2$, $A \cap U_1 \neq \emptyset$, $A \cap U_2 \neq \emptyset$, $A \cap U_1 \cap U_2 = \emptyset$ が成り立っている. $A_1 = A \cap U_1$, $A_2 = A \cap U_2$ とおく. $A \subseteq U_1 \cup U_2$ であるから, $A = A_1 \cup A_2$ である. また $A_1 \neq \emptyset$, $A_2 \neq \emptyset$ である. さらに, $A_1 \cap U_2 = \emptyset$, $A_2 \subseteq U_2$ であるから, A_2 の各点は A_1 の外点である. よって, $\overline{A_1} \cap A_2 = \emptyset$ である. また, $A_2 \cap U_1 = \emptyset$, $A_1 \subseteq U_1$ であるから, A_1 の各点は A_2 の外点である. よって, $\overline{A_1} \cap A_2 = \emptyset$ である. したがって (1) が成り立つ. よって, (2) ならば (1) が成り立つ. □

定理 166 の証明. 条件 (i) は, 定理 165 の条件 (1) の否定であり, また, 条件 (ii) は, 定理 165 の条件 (2) の否定と同値である. (1) と (2) は定理 165 によって, 同値であるから, それぞれの否定も同値である. したがって, (i) と (ii) は同値である. □

定理 167 の証明. 「$f(A)$ が Y の連結集合でない, ならば, A が X の連結集合ではない」(証明すべき命題の対偶) を示そう.

$f(A)$ が非連結と仮定する. Y のある開集合 V_1, V_2 が存在して,

$$f(A) \subseteq V_1 \cup V_2, \ f(A) \cap V_1 \neq \emptyset, \ f(A) \cap V_2 \neq \emptyset, \ f(A) \cap V_1 \cap V_2 = \emptyset$$

が成り立つ（☞ 非連結性の特徴付け：定理165）．このとき，$U_1 = f^{-1}(V_1)$，$U_2 = f^{-1}(V_2)$ とおくと，f が連続写像だから，U_1, U_2 は X の開集合である．さらに，

$$A \subseteq U_1 \cup U_2, \ A \cap U_1 \neq \emptyset, \ A \cap U_2 \neq \emptyset, \ A \cap U_1 \cap U_2 = \emptyset$$

となる．したがって，A は X の非連結集合である（☞ 非連結性の特徴付け：定理165）．

「$f(A)$ が Y の連結集合でない，ならば，A が X の連結集合ではない」ということが成り立つので，その対偶，「A が X の連結集合ならば，$f(A)$ が Y の連結集合である」が成り立つ． $\square$

定理167の別証明． $f(A)$ が連結でないと仮定して矛盾を導く．仮定から，集合 B_1, B_2 が存在して，$f(A) = B_1 \cup B_2, \ B_1 \neq \emptyset, \ B_2 \neq \emptyset, \ B_1 \cap \overline{B_2} = \emptyset, \ \overline{B_1} \cap B_2 = \emptyset$ の5条件がすべて満たされる．$A_1 = f^{-1}(B_1) \cap A, \ A_2 = f^{-1}(B_2) \cap A$ とおく．このとき，

$$A = A_1 \cup A_2, \ A_1 \neq \emptyset, \ A_2 \neq \emptyset, \ A_1 \cap \overline{A_2} = \emptyset, \ \overline{A_1} \cap A_2 = \emptyset$$

を示して，「A が連結である」という大前提と矛盾することを証明する，という方針である．

そのためにまず，「$A = A_1 \cup A_2$」を示す．$a \in A$ とすると，$f(a) \in f(A) = B_1 \cup B_2$ だから，$f(a) \in B_1$ または $f(a) \in B_2$ なので，$a \in A_1$ または $a \in A_2$ となり，$A \subseteq A_1 \cup A_2$ がわかる．$A \supseteq A_1 \cup A_2$ は明らかだから，$A = A_1 \cup A_2$ が成り立つ．次に，「$A_1 \neq \emptyset$」を示す．$B_1 \neq \emptyset$ だから，$b \in B_1$ をとると，$B_1 \subseteq f(A)$ となり，$b \in f(A)$ である．したがって，$a \in A$ が存在して，$f(a) = b$ となる．このとき，$a \in f^{-1}(B_1) \cap A = A_1$ となり，$A_1 \neq \emptyset$ がわかる．第3の「$A_2 \neq \emptyset$」は，上で A_1 と A_2 の立場を入れ替えれば同様に示される．第4の「$A_1 \cap \overline{A_2} = \emptyset$」を示そう．仮に $A_1 \cap \overline{A_2} \neq \emptyset$ として矛盾を導く．$a \in A_1 \cap \overline{A_2}$ をとる．$f(a) \in f(A_1) \subseteq B_1$ である．また，$f(a) \in f(\overline{A_2}) \subseteq \overline{f(A_2)} \subseteq \overline{B_2}$ である．したがって，$f(a) \in B_1 \cap \overline{B_2}$ となり，これは，$B_1 \cap \overline{B_2} = \emptyset$ と矛盾する．第5の「$\overline{A_1} \cap A_2 = \emptyset$」も，$A_1$ と A_2 の立場を入れ替えれば同様に示される．

したがって，A が非連結であるという結論が導かれる．したがって，$f(A)$ が Y の連結集合でないとすると，A が非連結となるので，A が連結ならば $f(A)$ が連結となる． □

定理 169 の証明. A が連結で f が連続だから，定理 167 により，$f(A)$ は $\mathbf{R}$ の連結部分集合である．また，$f(a), f(b) \in f(A)$ である．

いま，仮に，区間 $[f(a), f(b)]$ が $f(A)$ に含まれないと仮定して矛盾を導こう．

$[f(a), f(b)] \nsubseteq f(A)$ と仮定する．すると，$\exists c', f(a) \leqq c' \leqq f(b), c' \notin f(A)$ ということになる．$f(a), f(b) \in f(A)$ だから，$c' \neq f(a), c' \neq f(b)$ である．そこで，$V_1 = (-\infty, c'), V_2 = (c', \infty)$ とする．このとき，V_1, V_2 は $\mathbf{R}$ の開集合であり，$f(A) \subseteq V_1 \cup V_2, f(A) \cap V_1 \cap V_2 = \emptyset$ であり，さらに，$f(A) \cap V_1 \neq \emptyset$, $f(A) \cap V_2 \neq \emptyset$ が成り立つ．（実際，$f(a) \in f(A) \cap V_1$ であり，$f(b) \in f(A) \cap V_2$ である．）これは，$f(A)$ が Y の連結集合であることに矛盾する．したがって，$[f(a), f(b)] \subseteq f(A)$ が成り立つ． □

定理 175 の証明. (i) $\Longleftrightarrow$ (ii) は，定理 165 の $A = X$ の場合なので成り立つ．

(ii) $\Longleftrightarrow$ (iii) を示す．

(ii) $\Longrightarrow$ (iii)：(ii) を仮定する．仮定から X の開集合 U_1, U_2 が存在して，$X = U_1 \cup U_2, U_1 \neq \emptyset, U_2 \neq \emptyset, U_1 \cap U_2 = \emptyset$ が成り立つ．$U = U_1$ とおく．U は X の開集合である．さらに，U の補集合は U_2 であり，U_2 は X の開集合であるから，U は X の閉集合でもある．しかも，$U \neq \emptyset, U \neq X$ である．よって (iii) が成り立つ．したがって，(ii) $\Longrightarrow$ (iii) が示された．

次に (iii) $\Longrightarrow$ (ii) を示す．(iii) を仮定する．U を X の開かつ閉な集合で $\emptyset \neq U \neq X$ であるものとする．$U_1 = U$ とおく．また，$U_2 = U^c (= X \setminus U_1)$ とおく．U は X の開集合であり，閉集合でもあるから，U_1, U_2 は X の開集合である．$X = U_1 \cup U_2, U_1 \neq \emptyset, U_2 \neq \emptyset, U_1 \cap U_2 = \emptyset$ が成り立つ．したがって (ii) が成り立つ．よって，(iii) $\Longrightarrow$ (ii) が示された． □

定理 176 の証明. 定理 175 の同値な条件 (i), (ii), (iii) のそれぞれの否定が (I), (II), (III) であるから，これらも互いに同値である． □

証明集　　　165

定理 183 の証明. X を弧状連結な位相空間とする. X が連結ではない, と仮定して矛盾を導こう.

X が連結でないと仮定すると, X の開集合 U, V で,

$$X = U \cup V,\ U \cap V = \emptyset,\ U \neq \emptyset,\ V \neq \emptyset$$

となるものが存在するはずである（☞ 非連結性の特徴付け：定理 175）. そうすると, U から 1 点 x, V から 1 点 y を選んで, x と y を弧でつなぐことができる. すなわち, 弧 $\gamma : [a,b] \to X$ で $\gamma(a) = x$, $\gamma(b) = y$ となるものが存在する. γ は（弧の定義から）連続写像だから, 逆像 $U' = \gamma^{-1}(U)$ と $V' = \gamma^{-1}(V)$ を考えると, U', V' は $[a,b]$ の中の開集合であり,

$$[a,b] = U' \cup V',\ U' \cap V' = \emptyset,\ U' \neq \emptyset,\ V' \neq \emptyset$$

となる.

実際, 任意の $t \in [a,b]$ について, $\gamma(t) \in X = U \cup V$ だから, $\gamma(t) \in U$ または $\gamma(t) \in V$ となり, $t \in U'$ または $t \in V'$ すなわち $t \in U' \cup V'$ となり, $[a,b] \subseteq U' \cup V'$ となる. 逆向きの包含関係は自明であるので, $[a,b] = U' \cup V'$ を得る. また, もし $U' \cap V' \neq \emptyset$ とすると, $t \in U' \cap V'$ をとれば, $\gamma(t) \in U \cap V = \emptyset$, となって矛盾するから, $U' \cap V' = \emptyset$ となる. さらに, $a \in U'$, $b \in V'$ だから, $U' \neq \emptyset$, $V' \neq \emptyset$ が得られる.

これは, $[a,b]$ が連結であることに矛盾する. したがって, X は連結である.

□

注意 184 の主張の証明. もし X が連結でないとすると, $\mathbf{R}^2$ の開集合 $\widetilde{U}$ と $\widetilde{V}$ で, $X = (\widetilde{U} \cap X) \cup (\widetilde{V} \cap X)$, $(\widetilde{U} \cap X) \cap (\widetilde{V} \cap X) = \emptyset$, $\widetilde{U} \cap X \neq \emptyset$, $\widetilde{V} \cap X \neq \emptyset$ となるものがあるはずである.（定理 183 の証明と同様の論法で,）$\widetilde{U}, \widetilde{V}$ は $X_1 = \{(x,y) \in \mathbf{R}^2 \mid x > 0,\ y = \sin(1/x)\}$ と $X_2 = \{(x,y) \in \mathbf{R}^2 \mid x = 0\}$ のどちらかの部分だけをそれぞれ含むことが示される. $X_2 \subseteq \widetilde{U}$, $X_1 \cap \widetilde{U} = \emptyset$ または $X_2 \subseteq \widetilde{V}$, $X_1 \cap \widetilde{V} = \emptyset$ となる. しかし, X_1 の点列 $\{(\frac{1}{n\pi}, 0)\}$ が X_2 上の点 $(0,0)$ に収束することから矛盾を導くことができる. したがって, X は連結である.

また, X が弧状連結とすると, 点 $(\frac{1}{\pi}, 0)$ と点 $(0,0)$ をつなげる X 上の弧

$\gamma : [a, b] \to X$ が存在するはずであるが，そうすると，$\gamma(t)$ の y 座標は -1 と 1 の間を振動するので，$[a, b]$ 上の b に収束する点列 t_n で $\gamma(t_n)$ の y 座標が 1 となるものがとれる．すると，$\gamma(t_n)$ の y 座標が 1 であるにもかかわらず，$n \to \infty$ のとき，$\gamma(t_n) \to \gamma(b) = (0, 0)$ となり矛盾が導かれる．したがって，X は弧状連結ではない．　　　　　　　　　　　　　　　　　　　　　　　　　　$\square$

定理 194 の証明.「コンパクト $\Longrightarrow$ 点列コンパクト」：A を X のコンパクト集合とする．A 上の任意の点列 $\{a_n\}_{n=1}^{\infty}$ をとる．$F_n := \overline{\{a_n, a_{n+1}, \dots\}}$ とおくと，F_n は X の閉集合である．$U_n = X \setminus F_n = (F_n)^c$（補集合）は X の開集合であり，

$$U_1 \subseteq U_2 \subseteq \cdots \subseteq U_n \subseteq U_{n+1} \subseteq U_{n+2} \subseteq \cdots$$

となる．このとき，$A \subseteq \bigcup_{n=1}^{\infty} U_n$ とはならない．なぜなら，もし $A \subseteq \bigcup_{n=1}^{\infty} U_n$ となったとすると，A がコンパクト集合であるから，A は U_n たちの有限個のものの和集合に含まれるはずだが，U_n たちに包含関係があることを考えると，ある番号 N があって，$A \subseteq U_N$ となることになるが，A の点 a_N は F_N に属するから，U_N に属さず，矛盾が導かれるからである．よって，A の点 a で $\bigcup_{n=1}^{\infty} U_n$ に属さないものが存在する．a は $X \setminus (\bigcup_{n=1}^{\infty} U_n) = (\bigcup_{n=1}^{\infty} U_n)^c = \bigcap_{n=1}^{\infty} (U_n)^c = \bigcap_{n=1}^{\infty} F_n$ に属する（c は補集合の意味）．そこで，自然数 k をとるたびに，番号 n_k を十分大きくとれば，$d(a, a_{n_k}) < \frac{1}{k}$ となる．このとき，$\{a_n\}_{n=1}^{\infty}$ の部分列 $\{a_{n_k}\}_{k=1}^{\infty}$ は A の点 a に収束する．したがって，A は点列コンパクトである．

「点列コンパクト $\Longrightarrow$ コンパクト」については，定理 230 で証明される．$\square$

定理 200 の証明. (X, d) を距離空間とする．x, y を X の相異なる 2 点とする．$x \neq y$ であるから，$d(x, y) > 0$ である．$\varepsilon = \frac{1}{2} d(x, y)$ とおくと，$\varepsilon > 0$ である．$B(x, \varepsilon)$ は x の開近傍であり，$B(y, \varepsilon)$ は y の開近傍である．また $B(x, \varepsilon) \cap B(y, \varepsilon) = \emptyset$ となる．実際，もし $B(x, \varepsilon) \cap B(y, \varepsilon) \neq \emptyset$ ならば，ある $z \in B(x, \varepsilon) \cap B(y, \varepsilon)$ が存在するが，$d(x, y) \leq d(x, z) + d(z, y) < \varepsilon + \varepsilon = d(x, y)$，よって，$d(x, y) < d(x, y)$ となり，矛盾が導かれる．したがって，$B(x, \varepsilon) \cap B(y, \varepsilon) = \emptyset$ となる．よって，ハウスドルフ空間であるための条件が

成り立つから，X は，距離位相に関して，ハウスドルフ空間である．　　□

定理 207 の証明. x_n を収束列とする．仮定より，X の点 $a \in X$ が存在して，任意の $\varepsilon > 0$ に対して，番号 n_0 が存在して，$n_0 \leqq n$ ならば $d(a, x_n) < \varepsilon$ となる．

$\varepsilon > 0$ は任意なので，$\frac{\varepsilon}{2}$ に対して，改めて番号 n_0 をとり直せば，$n_0 \leqq n$ ならば $d(a, x_n) < \frac{\varepsilon}{2}$ が成り立つ．よって，任意の $\varepsilon > 0$ に対して，番号 n_0 が存在して，$n_0 \leqq n, n_0 \leqq m$ ならば

$$d(a, x_n) < \frac{1}{2}\varepsilon, \quad d(a, x_m) < \frac{1}{2}\varepsilon$$

が成り立つ．このとき，三角不等式から，

$$d(x_n, x_m) \leqq d(x_n, a) + d(a, x_m) = d(a, x_n) + d(a, x_m) < \frac{1}{2}\varepsilon + \frac{1}{2}\varepsilon = \varepsilon$$

が成り立つ．したがって，x_n はコーシー列である．　　□

定理 211 の証明. x_n を $\mathbf{R}^m$ 上のコーシー列とする．x_n が（$\mathbf{R}^m$ のある点 a に）収束することを示せばよい．

$$\boldsymbol{x}_n = (x_{n1}, x_{n2}, \ldots, x_{nm})$$

とおく．x_{ni} は点 x_n の第 i 成分（第 i 座標）である．x_n は $\mathbf{R}^m$ 上のコーシー列なので，任意の $\varepsilon > 0$ に対して，番号 n_0 が存在して，$n_0 \leqq n, n_0 \leqq n'$ ならば $d(\boldsymbol{x}_n, \boldsymbol{x}_{n'}) < \varepsilon$ が成り立つ．

いま，

$$|x_{n1} - x_{n'1}| \leqq \sqrt{|x_{n1} - x_{n'1}|^2 + \cdots + |x_{nm} - x_{n'm}|^2} < \varepsilon$$

であるから，実数列 $x_{n1}, n = 1, 2, 3, \ldots$ はコーシー列である．よって，x_{n1} はある実数 a_1 に収束する（☞ 定理 291，例 210）．このとき，$|a_1 - x_{n1}|$ は $n \to \infty$ のとき 0 に収束する．

同様に，各 i $(1 \leqq i \leqq m)$ について，実数列 $x_{ni}, n = 1, 2, 3, \ldots$ はコーシー列であるから，x_{ni} はある実数 a_i に収束する．

$\boldsymbol{a} = (a_1, a_2, \ldots, a_m) \in \mathbf{R}^m$ とおくと

$$d(\boldsymbol{a}, \boldsymbol{x}_n) = \sqrt{|a_1 - x_{n1}|^2 + |a_2 - x_{n2}|^2 + \cdots + |a_m - x_{nm}|^2} \to 0 \quad (n \to \infty)$$

となる.

実際, 与えられた任意の $\varepsilon > 0$ に対し, $\frac{\varepsilon}{\sqrt{m}}$ を考えれば, それについて, i に依存する番号 n_{0i} が存在して, $n_{0i} \leqq n$ ならば, $|x_{ni} - a_i| < \frac{\varepsilon}{\sqrt{m}}$ が成り立つ. 番号 $n_{01}, n_{02}, \ldots, n_{0m}$ のうちの最大の番号を n_0 とおく. すると, $n_0 \leqq n$ ならば,

$$d(\boldsymbol{a}, \boldsymbol{x}_n) = \sqrt{|a_1 - x_{n1}|^2 + |a_2 - x_{n2}|^2 + \cdots + |a_m - x_{nm}|^2} < \sqrt{m \cdot \frac{\varepsilon^2}{m}} = \varepsilon$$

が成り立つからである.

よって, $\boldsymbol{x}_n$ は収束列である. したがって, $\mathbf{R}^m$ は完備である. $\square$

定理 214 の証明. $\{x_n\}$ を (d_F に関する) F 上のコーシー列とする. このとき, $\{x_n\}$ を X 上の点列とみたとき (d に関する) コーシー列である. 仮定から (X, d) は完備であるから, $a \in X$ が存在して, F 上の点列 $\{x_n\}$ は a に収束する. このとき, a の任意の近傍は F の点を含むので, a は F の触点である. F は X の閉集合であるから, $a \in \overline{F} = F$ となる. よって, 点列 $\{x_n\}$ は F の点 a に収束する. つまり, $\{x_n\}$ は F 上の収束列である. したがって, 距離空間 (F, d_F) は完備である. $\square$

定理 216 の証明. x_n を A 上のコーシー列としたとき, x_n が A の点に収束することを示せばよい.

A が点列コンパクトであるから, x_n の部分列 x_{n_p}, $p = 1, 2, 3, \ldots$ が存在して, x_{n_p} は A のある点 a に収束する.

いま x_n はコーシー列であるから, 任意の $\varepsilon > 0$ に対して, $\frac{\varepsilon}{2}$ を考えると, 番号 n_0 が存在し, $n_0 \leqq n$, $n_0 \leqq m$ ならば, $d(x_n, x_m) < \frac{\varepsilon}{2}$ となる. また, x_{n_p} は a に収束するから, 番号 p_0 が存在して, $p_0 \leqq p$ ならば, $d(a, x_{n_p}) < \frac{\varepsilon}{2}$ となる.

以上から, 任意の $\varepsilon > 0$ に対して, 番号 N を $n_0 \leqq N$ かつ $n_{p_0} \leqq n_N$ となるように選べば, ($N \leqq n_N$ だから,) $N \leqq n$ ならば,

$$d(a, x_n) \leqq d(a, x_{n_N}) + d(x_{n_N}, x_n) < \frac{\varepsilon}{2} + \frac{\varepsilon}{2} = \varepsilon$$

が成り立つ. よって, 点列 x_n は点 a に収束する. したがって, A は完備である. $\square$

定理 230 の証明. 定理 194 の証明で, $(1) \implies (2)$ の部分はすでに示されている.

$(2) \implies (3)$：A を X の点列コンパクト集合と仮定する. まず, A が全有界であることを示す. そのために, A が全有界でないと仮定して矛盾を導く. A が全有界でないから, $\varepsilon > 0$ が存在して, どんな有限個の点 $x_1, \ldots, x_r \in A$ をとっても, $\bigcup_{i=1}^{r} B(x_i, \varepsilon)$ は A を含まないはずである. したがって, A 上の点列 $\{x_n\}$ を

$$x_{n+1} \in A \setminus \left(\bigcup_{i=1}^{n} B(x_i, \varepsilon) \right)$$

となるようにとることができるはずである. この A 上の点列 $\{x_n\}$ について, 任意の n と, $n < m$ である任意の m について, $x_m \notin B(x_n, \varepsilon)$ であるから, $d(x_n, x_m) \geqq \varepsilon$ となるはずである. 一方, A は点列コンパクトだから, A 上の点列 $\{x_n\}$ のある部分列 $\{x_{n_k}\}$ はある点 $a \in A$ に収束するはずである. したがって, 任意の $\varepsilon > 0$ について, ある番号 N が存在して, $N \leqq k$ ならば $d(a, x_{n_k}) < \frac{1}{2}\varepsilon$ となる. よって, $d(x_{n_k}, x_{n_{k+1}}) \leqq d(x_{n_k}, a) + d(a, x_{n_{k+1}}) < \frac{1}{2}\varepsilon + \frac{1}{2}\varepsilon = \varepsilon$ となる. $n = n_k, m = n_{k+1}$ にあてはめると, $d(x_n, x_m) \geqq \varepsilon$ に矛盾する. 以上により, A は全有界であることが示された.

A が完備であることは定理 216 からわかる.

$(3) \implies (1)$：A が全有界かつ完備であると仮定する. その上で, X における A の任意の開被覆 $\mathcal{U} = \{U_\lambda \mid \lambda \in \Lambda\}$, $A \subseteq \bigcup_{\lambda \in \Lambda} U_\lambda$ をとる. このとき $\mathcal{U}$ に A の有限部分被覆が存在することを示す.

まず「可算部分被覆」が存在することを次のように示す.

A が全有界であるから, 任意の自然数 n について, 有限個（n に依存する個数 r_n）の点 $x_{n1}, \ldots, x_{nr_n} \in A$ が存在して, $A \subseteq \bigcup_{j=1}^{r_n} B(x_{nj}, \frac{1}{n})$ となる. $C = \{x_{nj} \mid 1 \leqq j \leqq r_n, \ n = 1, 2, 3, \ldots\}$ は A の可算部分集合である.

さて, 任意の $a \in A$ をとる. $a \in U_\lambda$ となる $\lambda \in \Lambda$ が存在する. 自然数 n が存在して, $B(a, \frac{1}{n}) \subseteq U_\lambda$ となる. 一方, $a \in B(x_{(2n)j}, \frac{1}{2n})$ となる

$1 \leqq j \leqq r_{2n}$ が存在する．このとき，$B(x_{(2n)j}, \frac{1}{2n}) \subseteq U_\lambda$ となる．開集合の族 $\{B(x_{(2n)j}, \frac{1}{2n}) \mid 1 \leqq j \leqq r_{2n},\ n = 1, 2, 3, \dots\}$ は可算集合であるから，$\{V_i \mid i = 1, 2, 3, \dots\}$ と番号付けることができて，A の可算開被覆となっている：$A \subseteq \bigcup_{i=1}^\infty V_i$ である．構成の仕方から，各 V_i に対し，$\lambda_i \in \Lambda$ が存在して，$V_i \subseteq U_{\lambda_i}$ である．よって，$A \subseteq \bigcup_{i=1}^\infty U_{\lambda_i}$ となることがわかる．

簡単のため，U_{λ_i} を U_i と書く．このとき，番号 $i_1, \dots, i_r$ が存在して，$A \subseteq \bigcup_{j=1}^r U_{i_j}$ となることを示す．そうならないと仮定して矛盾を導こう．

仮定により，各自然数 k に対して，$A \nsubseteq \bigcup_{i=1}^k U_i$ であるから，$x_k \in A \setminus (\bigcup_{i=1}^k U_i)$ ととれるはずである．このとき，A の点列 $\{x_k\}$ の部分列でコーシー列であるものが存在することを示す．

各 n に対し，$A \subseteq \bigcup_{j=1}^{r_n} B(x_{nj}, \frac{1}{n})$ であったから，$1 \leqq j \leqq r_n$ が存在して，$\{x_k\}$ の無限個の点が $B(x_{nj}, \frac{1}{n})$ に属する．$\{x_k\}$ の部分列を次のように選ぶ．まず $n = 1$ に対して，部分列 $\{x_{k(1,\ell)}\} = \{x_{k(1,1)}, x_{k(1,2)}, \dots\}$ は $B(x_{1j}, 1)$ に属する．さらにその部分列 $\{x_{k(2,\ell)}\}$ は $B(x_{2j}, \frac{1}{2})$ に属する．部分列 $\{x_{k(n,\ell)}\}$ の部分列 $\{x_{k(n+1,\ell)}\}$ は $B(x_{(n+1)j}, \frac{1}{n+1})$ に属する．（ここで，ℓ は部分列の番号で，そのとり方が n に依存するので，$k(n, \ell)$ という書き方をしている．番号 j は n に依存していることに注意する．）

さて，$\{x_k\}$ の部分列 $\{x_{k(n,n)}\}_{n=1}^\infty$ を考える．任意の n_0 に対して，$n_0 \leqq n, m$ のとき，$d(x_{k(n,n)}, x_{k(m,m)}) < \frac{2}{n_0}$ となるから，A の点列 $\{x_{k(n,n)}\}_{n=1}^\infty$ はコーシー列である．A は完備だから，$\{x_{k(n,n)}\}_{n=1}^\infty$ は，ある点 $a \in A$ に収束する．$A \subseteq \bigcup_{i=1}^\infty U_i$ であったから，$a \in U_i$ となる $U_i = U_{\lambda_i}$ が存在する．$\delta > 0$ が存在して，$B(a, \delta) \subseteq U_i$ となる．番号 n_0 が存在して，$n_0 \leqq n$ となる n に対して $x_{k(n,n)} \in B(a, \delta) \subseteq U_i$ となる．$i \leqq n$, $n_0 \leqq n$ とすると，$i \leqq n \leqq k(n, n)$ であるから，初めの $\{x_k\}$ のとり方から，$x_{k(n,n)} \notin U_i$ のはずで，しかも $x_{k(n,n)} \in U_i$ であるから，矛盾が導かれる．

したがって，番号 $i_1, \dots, i_r$ が存在して，$A \subseteq \bigcup_{j=1}^r U_{i_j}$ となる．

よって，$\mathcal{U}$ に A の有限部分被覆が存在する．したがって，A は X のコンパクト集合である．$\qquad\square$

定理 236 の証明. $f : X \to Y$ を連続写像とする．任意の $a \in X$ で f は連続であるから，任意の $\varepsilon > 0$ に対し，$\frac{\varepsilon}{2}$ を考えたとき，（a に依存した）$\delta_a > 0$

が存在して，$f(B_X(a, \delta_a)) \subseteq B_Y(f(a), \frac{\varepsilon}{2})$ が成り立つ．δ_a に対し，$\frac{\delta_a}{2}$ をとり，$B_X(a, \frac{\delta_a}{2})$ を考えて，X の開被覆 $X = \bigcup_{a \in X} B_X(a, \frac{\delta_a}{2})$ をとる．X はコンパクトであるから，X の有限個の点 $a_1, \ldots, a_r$ が存在して，$X = \bigcup_{i=1}^{r} B_X(a_i, \frac{\delta_{a_i}}{2})$ が成り立つ．$\delta = \min\{\frac{\delta_{a_i}}{2} \mid i = 1, 2, \ldots, r\}$ とおく．このとき，任意の $x \in X$ について，$f(B_X(x, \delta)) \subseteq B_Y(f(x), \varepsilon)$ が成り立つ．

実際，任意に $x' \in B_X(x, \delta)$ をとる．$d_X(x, x') < \delta$ である．一方，ある i $(1 \leqq i \leqq r)$ があって $x \in B_X(a_i, \frac{\delta_{a_i}}{2})$ であり，$d_X(a_i, x) < \frac{\delta_{a_i}}{2}$ となる．このとき，

$$d_X(a_i, x') \leqq d_X(a_i, x) + d_X(x, x') < \frac{\delta_{a_i}}{2} + \delta \leqq \delta_{a_i}$$

となる．$f(B_X(a_i, \delta_{a_i})) \subseteq B_Y(f(a_i), \frac{\varepsilon}{2})$ であったから，

$$d_Y(f(a_i), f(x)) < \frac{\varepsilon}{2}, \quad d_Y(f(a_i), f(x')) < \frac{\varepsilon}{2}$$

が成り立つ．よって，

$$d_Y(f(x), f(x')) \leqq d_Y(f(x), f(a_i)) + d_Y(f(a_i), f(x')) < \varepsilon$$

となり，$f(x') \in B_Y(f(x), \varepsilon)$ となる．すなわち，$f(B_X(x, \delta)) \subseteq B_Y(f(x), \varepsilon)$ が成り立つ．

よって，f は一様連続である． $\qquad\square$

定理 240 の証明. 示したいのは，「任意の $a \in X$ と任意の $\varepsilon > 0$ に対し，a の開近傍 U が存在して，$x \in U$ ならば $d_Y(f(a), f(x)) < \varepsilon$ となる」ということである．

まず，$\{f_n\}$ が f に一様収束するから，任意の $\varepsilon > 0$ に対して，番号 N が存在して，任意の $x \in X$ に対して，$d_Y(f(x), f_n(x)) < \frac{\varepsilon}{3}$ となる．

写像 $f_N : X \to Y$ に注目する．f_N は連続写像であるから，任意の $a \in X$ と任意の $\varepsilon > 0$ に対して，a の開近傍 U が存在して，$x \in U$ ならば $d_Y(f_N(a), f_N(x)) < \frac{\varepsilon}{3}$ となる．

したがって，任意の $a \in X$ と任意の $\varepsilon > 0$ に対し，a の開近傍 U が存在して，$x \in U$ ならば

$$\begin{aligned} d_Y(f(a), f(x)) &\leqq d_Y(f(a), f_N(a)) + d_Y(f_N(a), f(x)) \\ &\leqq d_Y(f(a), f_N(a)) + d_Y(f_N(a), f_N(x)) + d_Y(f_N(x), f(x)) \\ &< \tfrac{\varepsilon}{3} + \tfrac{\varepsilon}{3} + \tfrac{\varepsilon}{3} = \varepsilon \end{aligned}$$

となる．よって，f は連続写像である． □

定理 251 の証明． 「(ii) ならば (i)」を示す．(ii) を仮定する．任意に $z \in W$ をとる．(ii) の U, V をそれぞれ U_z, V_z とおくと，このとき，$W = \bigcup_{z \in W} U_z \times V_z$ となる．($z \in U_z \times V_z$ だから，$W \subseteq \bigcup_{z \in W} U_z \times V_z$ であり，また，$U_z \times V_z \subseteq W$ であるから，$\bigcup_{z \in W} U_z \times V_z \subseteq W$ も成り立つ．）よって，$\Lambda = W$ とすれば (i) が成り立つ．したがって (ii) ならば (i) が成り立つ．

「(i) ならば (ii)」を示す．(i) を仮定する．$z \in W$ に対して，$\lambda \in \Lambda$ が存在して，$z \in U_\lambda \times V_\lambda$ となる．$U = U_\lambda, V = V_\lambda$ に対して (ii) が成り立つ．よって，(i) ならば (ii) が成り立つ． □

定理 277 の証明． $\mathbf{R}$ の切断 (A', B') に対して，$A = A' \cap \mathbf{Q}, B = B' \cap \mathbf{Q}$ とおく．すると，(A, B) は $\mathbf{Q}$ の切断であり，(1), (2) または (3) のタイプのどれかになる．(A, B) が (1) または (2) の場合は，対応する有理数を γ とおく．(3) の場合は，(A, B) は無理数 γ を定めるから，その実数を γ とおく．すると，

$$A' = \{x \in \mathbf{R} \mid x \leqq \gamma\} \quad かつ \quad B' = \{x \in \mathbf{R} \mid \gamma < x\}$$

となるか，

$$A' = \{x \in \mathbf{R} \mid x < \gamma\} \quad かつ \quad B' = \{x \in \mathbf{R} \mid \gamma \leqq x\}$$

となるかのいずれかである．よって，(*) が成立する． □

定理 286 の証明． $B' := \{b \in \mathbf{R} \mid$ 任意の $x \in E$ に対し $x \leqq b\}$（E の上界の集合）とおく．E は上に有界だから，$B' \neq \emptyset$ である．$A' := \mathbf{R} \setminus B = \{a \in \mathbf{R} \mid$ ある $x \in E$ があって $a < x\}$ とおくと，(A', B') は $\mathbf{R}$ の切断である．このとき，定理 277 により，A' に最大値があるか，または B' に最小値がある．いま，仮に A' に最大値があるとすると矛盾が導かれる．

実際，A' に最大値があるとして，それを α とすると，$\alpha \in A'$ だから，あ

る $x \in E$ があって $\alpha < x$ となる．$\beta = \frac{\alpha+x}{2}$ とおくと，$\alpha < \beta < x$ となる．$\beta < x,\, x \in E$ だから $\beta \in A$ となる．これは，α が A の最大値であることに矛盾する．

したがって，B' に最小値が存在することがわかる．この最小値が E の上限 $\sup(E)$ である．

F が下に有界の場合も同様に $\inf(F)$ の存在が証明できる． $\square$

定理 288 の証明. $\{a_m\}$ が上に有界で単調増加とする．$\mathbf{R}$ の部分集合 $E = \{a_1, a_2, \dots\}$ は上に有界である．定理 286 から，E には上限 $\sup(E)$ が存在する．$\alpha = \sup(E)$ とおく．α が求める極限値であることを示そう．任意の $\varepsilon > 0$ をとる．$\alpha - \varepsilon < \alpha$ だから，$\alpha - \varepsilon$ は E の上界ではないので，$\alpha - \varepsilon < a_M$ となるような番号 M が存在する．このとき，任意の $m \geqq M$ について，$\alpha - \varepsilon < a_M \leqq a_m \leqq \alpha$ が成り立つ．したがって，$|a_m - \alpha| < \varepsilon$ が成り立つ．

すなわち，任意の $\varepsilon > 0$ に対して，ある番号 M があって，任意の $m \geqq M$ について，$|a_m - \alpha| < \varepsilon$ が成り立つ．よって，α は数列 $\{a_m\}$ の極限値である．

$\{a_m\}$ が下に有界で単調減少の場合も同様に証明できる． $\square$

定理 290 の証明. a_n を収束列とする．仮定より，$a \in \mathbf{R}$ が存在して，任意の $\varepsilon > 0$ に対して，番号 n_0 が存在して，$n_0 \leqq n$ ならば $|a_n - a| < \varepsilon$ となる．

$\varepsilon > 0$ は任意なので，$\frac{\varepsilon}{2}$ に対して，改めて番号 n_0 をとり直せば，$n_0 \leqq n$ ならば $|a_n - a| < \frac{\varepsilon}{2}$ が成り立つ．よって，任意の $\varepsilon > 0$ に対して，番号 n_0 が存在して，$n_0 \leqq n,\, n_0 \leqq m$ ならば

$$|a_n - a| < \frac{1}{2}\varepsilon, \quad |a_m - a| < \frac{1}{2}\varepsilon$$

が成り立つ．このとき，三角不等式から，

$$|a_n - a_m| \leqq |a_n - a| + |a - a_m| < \frac{1}{2}\varepsilon + \frac{1}{2}\varepsilon = \varepsilon$$

が成り立つ．したがって，a_n はコーシー列である． $\square$

定理 291 の証明. 番号 m を決めたときに，集合 $A_m = \{a_m, a_{m+1}, a_{m+2}, \dots\}$ を考える．このとき次が成り立つ：

(1) 各 A_m は下に有界である.

$\inf(A_m) = \alpha_m$ とおく.

(2) 数列 $\{\alpha_m\}$ は上に有界であり,単調増加である.

$\alpha = \lim_{m \to \infty} \alpha_m$ とおく.

(3) $\lim_{m \to \infty} a_m = \alpha$ である.

(1), (2) は比較的容易にわかるので,ここでは,(3) のみを確認しておこう.

任意の $\varepsilon > 0$ に対し,番号 M_1 が存在して,$M_1 \leqq m$ ならば,$|\alpha_m - \alpha| < \frac{\varepsilon}{2}$ が成り立つ.したがって,$\alpha - \frac{\varepsilon}{2} < \alpha_m < \alpha + \frac{\varepsilon}{2}$ が成り立つ.一方,番号 M_2 が存在して,$M_2 \leqq n, M_2 \leqq m$ ならば,$|a_m - a_n| < \frac{\varepsilon}{2}$ が成り立つ.そこで,$M = \max\{M_1, M_2\}$ とおくと,$M \leqq n, M \leqq m$ ならば,$a_m - \frac{\varepsilon}{2} < a_n$ であるから,$a_m - \frac{\varepsilon}{2}$ は A_M の下界である.よって,$a_m - \frac{\varepsilon}{2} \leqq \alpha_M < \alpha + \frac{\varepsilon}{2}$ となる.したがって,$\alpha - \frac{\varepsilon}{2} < \alpha_m \leqq a_m < \alpha + \varepsilon$ となり,$|a_m - \alpha| < \varepsilon$ が成り立つ.すなわち,任意の $\varepsilon > 0$ に対し,番号 M が存在して,$M \leqq m$ ならば,$|a_m - \alpha| < \varepsilon$ が成り立つ.したがって,α は数列 $\{a_m\}$ の極限値である. $\square$

定理 292 の証明. U を $\mathbf{R}$ の開かつ閉な集合とする.$U \neq \emptyset$ とする.$a \in U$ をとる.U は開集合であるから,ある $\delta > 0$ があって,$B(a, \delta) = \{x \in \mathbf{R} \mid |x - a| < \delta\} = (a - \delta, a + \delta)$ が U に含まれる.

$$E := \{\delta \in \mathbf{R} \mid \delta > 0,\ B(a, \delta) \subseteq U\}$$

とおく.

さて,E が上に有界とする.$\Delta = \sup(E)$ とおく.このとき,$0 < \delta < \Delta$ である任意の δ について,$(a - \delta, a + \delta) \subseteq U$ であるから,

$$(a - \Delta, a + \Delta) = \bigcup_{0 < \delta < \Delta} (a - \delta, a + \delta) \subseteq U$$

が成り立つ.このとき,$a + \Delta \notin U$ または $a - \Delta \notin U$ である.なぜなら,$a + \Delta \in U$ かつ $a - \Delta \in U$ とすると,U が開集合だから,$\delta_1 > 0$ が存在して $B(a + \Delta, \delta_1) \subseteq U$,また,$\delta_2 > 0$ が存在して $B(a - \Delta, \delta_2) \subseteq U$ となる.$\delta_0 = \Delta + \min\{\delta_1, \delta_2\}$ とおくと,$\Delta < \delta_0$ で,

$$B(a, \delta_0) = (a - \delta_0, a + \delta_0) \subseteq B(a + \Delta, \delta_1) \cup B(a - \Delta, \delta_2) \cup (a - \Delta, a + \Delta) \subseteq U$$

となり，$\delta_0 \in E$ となって，$\Delta = \sup(E)$ に矛盾する．したがって，$a + \Delta \notin U$ または $a - \Delta \notin U$ でなければならない．一方，U は閉集合でもあるから，補集合 $U^c = \mathbf{R} \setminus U$ は $\mathbf{R}$ の開集合である．$a + \Delta \notin U$ とすれば，$\delta_3 > 0$ があって，$B(a + \Delta, \delta_3) \subseteq U^c$ となり，$a + \Delta - \delta_3/2 \notin U$ となって，$(a - \Delta, a + \Delta) \subseteq U$ に矛盾する．同様に，$a - \Delta \notin U$ としても矛盾が導かれる．

結局，E は上に有界ではない．したがって，

$$\mathbf{R} = \bigcup_{0 < \delta} B(a, \delta) \subseteq U \subseteq \mathbf{R}$$

となり，$U = \mathbf{R}$ を得る． $\square$

定理 293 の証明. 閉区間 $I = [a, b]$ の場合についてのみ示す．（他の場合もほぼ同様に証明することができる．）I が非連結と仮定して矛盾を導く．I が非連結とすると，$\mathbf{R}$ の開集合 U_1, U_2 が存在して，$I \subseteq U_1 \cup U_2$, $I \cap U_1 \neq \emptyset$, $I \cap U_2 \neq \emptyset$, $I \cap U_1 \cap U_2 = \emptyset$ が成り立つ．このとき，$a \in U_1$ か $a \in U_2$ のどちらか一方が成り立つ．$a \in U_1$ とする．U_1 は開集合であるから，$\delta > 0$ が存在して，$[a, a + \delta) \subseteq U_1$ となる．

$$\Delta := \sup\{\delta \mid \delta > 0, \ [a, a + \delta) \subseteq I \cap U_1\}$$

とおく．$[a, a + \Delta) \subseteq I \cap U_1$ となる．$a + \Delta \in U_1$ とする．$a + \Delta = b$ ならば，$I \cap U_2 \neq \emptyset$ と $I \cap U_1 \cap U_2 = \emptyset$ から矛盾が導かれる．$a + \Delta < b$ ならば，Δ のとり方に反する．$a + \Delta \in U_2$ とする．U_2 が開集合であるから，$I \cap U_1 \cap U_2 = \emptyset$ に矛盾する．いずれにせよ矛盾が導かれる．よって，$[a, b]$ は連結集合である．

定理 293 の別証明. 1 次元ユークリッド空間 $\mathbf{R}$ からの相対位相に関して位相空間 $[a, b]$ が連結空間であることを示せばよい（☞ 相対位相：定義 142，☞ 連結性の特徴付け：定理 176）．U が $[a, b]$ の開かつ閉な集合であり，空集合でないとする．$c \in U$ をとる．

$$E := \{\delta \in \mathbf{R} \mid \delta > 0, \ B(c, \delta) \cap [a, b] \subseteq U\}$$

とおく．U が $[a, b]$ の開集合だから，$E \neq \emptyset$ である．E が上に有界とすると，$\Delta = \sup(E)$ が存在し，$B(c, \Delta) \cap [a, b] \subseteq U$ がわかる．$[a, b] \not\subseteq B(c, \Delta)$ とする

と，$c + \Delta \in [a, b] \setminus U$ あるいは $c - \Delta \in [a, b] \setminus U$ となり，U が $[a, b]$ の閉集合であることから矛盾が導かれる（☞ 定理 292 の証明参照）．したがって，$[a, b] \subseteq U$ となり，$U = [a, b]$ がわかる． $\square$

定理 294 の証明. 有界閉区間 $[a, b]$ 上の任意の点列 $\{x_n\}$ をとる．$a \leqq x_n \leqq b$ である．区間を 2 等分して，$[a, \frac{a+b}{2}]$ と $[\frac{a+b}{2}, b]$ の中に無限個の番号 n について x_n が入るか，有限個の番号 n について x_n が入るか，を見る．少なくともどちらかには無限個入るはずである．たとえば，$[a, \frac{a+b}{2}]$ に無限個の番号の x_n が入るとしよう．そこから 1 つ x_{n_1} をとる．$[a, \frac{a+b}{2}]$ をさらに 2 等分して，$[a, \frac{3a+b}{4}]$ と $[\frac{3a+b}{4}, \frac{a+b}{2}]$ の中に無限個の番号 n について x_n が入るか，有限個の番号 n について x_n が入るか，を見る．少なくともどちらかには無限個入るはずである．たとえば，$[\frac{3a+b}{4}, \frac{a+b}{2}]$ に無限個の番号の x_n が入るとしよう．そこから 1 つ，n_1 より大きな番号のものがあるはずだから，それを x_{n_2} とする．このような構成の仕方で，$\{x_n\}$ の部分列 $x_{n_1}, x_{n_2}, x_{n_3}, \ldots$ $(n_1 < n_2 < n_3 < \cdots)$ を選ぶ．この部分列 $\{x_{n_k}\}$ は（番号 k に関して）コーシー列である．実際，構成の仕方から，任意の k, ℓ $(k \leqq \ell)$ に対して，

$$|x_{n_k} - x_{n_\ell}| \leqq \frac{1}{2^k}$$

が成り立ち，任意の $\varepsilon > 0$ に対し，番号 N を $1/2^N$ が ε より小さくなるようにとれば，$N \leqq k, N \leqq \ell$ ならば $|x_{n_k} - x_{n_\ell}| \leqq \varepsilon$ となる．したがって，部分列 $\{x_{n_k}\}$ はある実数 α に収束する．$a \leqq \alpha \leqq b$ である．よって，部分列 $\{x_{n_k}\}$ は $[a, b]$ のある点に収束することがわかった．よって，$[a, b]$ は点列コンパクトである． $\square$

定理 295 の証明. $[a, b]$ の開被覆 $\{U_\lambda\}$ に有限部分被覆が存在しないと仮定して矛盾を導く．

$[a, b]$ が，どんな有限個の $\lambda_1, \lambda_2, \ldots, \lambda_r \in \Lambda$ を選んでも，

$$[a, b] \subseteq U_{\lambda_1} \cup U_{\lambda_2} \cup \cdots \cup U_{\lambda_r}$$

とはならない，と仮定する．すると，区間 $[a, b]$ を 2 等分したとき，$[a, \frac{a+b}{2}]$ と $[\frac{a+b}{2}, b]$ のどちらかは，有限部分被覆では覆うことができないはずである．

（両方が有限部分被覆で覆えるのなら，それらを併せれば，$[a, b]$ も有限部分被覆で覆えることになるから．）有限部分被覆で覆えない方を選び，その区間の端点の小さい方を x_1 とおく．たとえば，$[\frac{a+b}{2}, b]$ が有限部分被覆で覆えないとすると，$x_1 = \frac{a+b}{2}$ とおくわけである．次に，$[\frac{a+b}{2}, b]$ を 2 等分して，$[\frac{a+b}{2}, \frac{a+3b}{4}]$ と $[\frac{a+3b}{4}, b]$ のどちらかは有限部分被覆では覆うことができないはずである．（上と同じ理由である．）有限部分被覆で覆えない方を選び，その区間の端点の小さい方を x_2 とおく．

このようにして，数列 $\{x_n\}$ を作る．$\{x_n\}$ はコーシー列である．実際，構成の仕方から，任意の n, m $(n \leqq m)$ に対して，

$$|x_n - x_m| \leqq \frac{1}{2^n}$$

が成り立つ．したがって，任意の $\varepsilon > 0$ に対し，番号 N を $1/2^N$ が ε より小さくなるようにとれば，$N \leqq n, N \leqq m$ ならば $|x_n - x_m| \leqq \varepsilon$ となるからである．したがって，数列 $\{x_n\}$ はある実数 α に収束する．$a \leqq \alpha \leqq b$ である．

さて，$\{U_\lambda\}$ は $[a, b]$ の開被覆であるから，$\lambda_0 \in \Lambda$ が存在して，$\alpha \in U_{\lambda_0}$ となるはずである．U_{λ_0} は開集合だから，$\delta > 0$ が存在して，$(\alpha - \delta, \alpha + \delta) \subseteq U_{\lambda_0}$ となる．番号 N を $1/2^N$ が $\delta/2$ より小さく，また，$|\alpha - x_N| < \delta/2$ となるように十分大きく選べば，上の構成の N 番目で，有限部分被覆で覆えないという区間が 1 つの U_{λ_0} に含まれてしまうことになる．これは矛盾である．

したがって，$[a, b]$ の任意の開被覆 $\{U_\lambda\}$ に有限部分被覆が存在する．よって，$[a, b]$ はコンパクトである．　　　　　　　　　　　　　　　　□

定理 296 の証明. $x \in \mathbf{R}$ を任意の実数とする．x は $\mathbf{Q}$ のある切断 (A, B) として定義されている．このとき，$\sup(A) = x$ である．つまり，(i) x は A の上界であり，(ii) 任意の $\varepsilon > 0$ に対し，$r \in A$ が存在して，$x - \varepsilon < r$ となる．特に，任意の $\varepsilon > 0$ に対し，$B(x, \varepsilon) \cap \mathbf{Q} \neq \emptyset$ である．したがって，$\mathbf{Q}$ は $\mathbf{R}$ の稠密集合である．　　　　　　　　　　　　　　　　　　　　　　　□

例 299 の主張の証明. $((\forall x, P(x))$ でない$)$ が真とする．$(\forall x, P(x))$ は偽である．すべての x で $P(x)$ が真，ということが偽なので，ある x について $P(x)$ は偽である．したがって，ある x について $(P(x)$ でない$)$ は真である．よっ

て, $(\exists x, (P(x) でない))$ は真である.

逆に $(\exists x, (P(x) でない))$ は真とする. ある x について $(P(x) でない)$ は真である. よって, ある x について $P(x)$ は偽なので, すべての x で $P(x)$ が真, ということは偽である. よって, $(\forall x, P(x))$ は偽である. したがって, $((\forall x, P(x)) でない)$ は真である.

したがって, (1) が真である.

(2) は (1) で $P(x)$ を $(P(x) でない)$ に一斉に読み替えれば得られる. □

解答集

演習問題 4 の解答例. $T = \bigcup_{(a,b) \in T} B\left((a,b),\ \min\left\{a,\ b,\ \frac{1-a-b}{\sqrt{2}}\right\}\right)$ と表されるから，T は開円板を合わせて作られる. □

演習問題 8 の解答例. $(x,y) \in V$ とする．$|x - x_0| < \frac{\varepsilon}{\sqrt{2}}, |y - y_0| < \frac{\varepsilon}{\sqrt{2}}$ が成り立つ．距離の 2 乗を不等式で評価すると

$$d((x_0,y_0),(x,y))^2 = (x - x_0)^2 + (y - y_0)^2 < \frac{\varepsilon^2}{2} + \frac{\varepsilon^2}{2} = \varepsilon^2$$

となるから，$d((x_0,y_0),(x,y)) < \varepsilon$ となる．よって，$(x,y) \in B((x_0,y_0),\varepsilon)$ が成り立つ．よって $V \subseteq B((x_0,y_0),\varepsilon)$ となる. □

演習問題 13 の解答例. ステップ 1. A の外部が A^c の内部に含まれること.

$\boldsymbol{x}$ を A の外点とする．$\delta > 0$ が存在して，$B(\boldsymbol{x},\delta) \cap A = \emptyset$ となる．これは，$B(\boldsymbol{x},\delta) \subseteq A^c$ を意味する．したがって，$\boldsymbol{x}$ は A^c の内点である．よって，A の外部は A^c の内部に含まれる.

ステップ 2. A^c の内部が A の外部に含まれること.

$\boldsymbol{y}$ を A^c の内点とする．すると，$\delta > 0$ が存在して，$B(\boldsymbol{y},\delta) \subseteq A^c$ となる．これは，$B(\boldsymbol{y},\delta) \cap A = \emptyset$ を意味する．したがって，$\boldsymbol{y}$ は A の外点である．よって，A^c の内部は A の外部に含まれる. □

演習問題 33 の解答例. $(2) \implies (2')$：定理 32 の条件 (2)，つまり，「任意の $\varepsilon > 0$ に対して，$\delta > 0$ が存在して，任意の $\boldsymbol{x} \in \mathbf{R}^2$ に対して，$d(\boldsymbol{a},\boldsymbol{x}) < \delta$ ならば $d(f(\boldsymbol{a}),f(\boldsymbol{x})) < \varepsilon$ が成り立つ」を仮定する．任意に $\varepsilon > 0$ をとる．それに対して，(2) から存在する $\delta > 0$ をとる．任意に $\boldsymbol{x} \in B(a,\delta)$ をとる.

$d(\boldsymbol{a}, \boldsymbol{x}) < \delta$ である。よって仮定 (2) により，$d(f(\boldsymbol{a}), f(\boldsymbol{x})) < \varepsilon$ となる。つまり，$f(\boldsymbol{x}) \in B(f(\boldsymbol{a}), \varepsilon)$ となる。したがって $f(B(\boldsymbol{a}, \delta)) \subseteq B(f(\boldsymbol{a}), \varepsilon)$ が成り立つ。よって，(2′) が導かれる。

$(2′) \Longrightarrow (2)$：定理 32 の条件 (2′)，つまり，「任意の $\varepsilon > 0$ に対して，$\delta > 0$ が存在して，$f(B(\boldsymbol{a}, \delta)) \subseteq B(f(a), \varepsilon)$ が成り立つ」と仮定する。任意に $\varepsilon > 0$ をとる。それに対して，(2′) から存在する $\delta > 0$ をとる。$\boldsymbol{x} \in \mathbf{R}^2$ が $d(\boldsymbol{a}, \boldsymbol{x}) < \delta$ を満たすとする。このとき，$\boldsymbol{x} \in B(\boldsymbol{a}, \delta)$ である。したがって，$f(\boldsymbol{x}) \in B(f(\boldsymbol{a}), \varepsilon)$ となる。よって，$d(f(\boldsymbol{a}), f(\boldsymbol{x})) < \varepsilon$ が成り立つ。したがって，(2) が導かれる。

以上により，条件 (2) と 条件 (2′) とは同値な条件となる。 $\square$

演習問題 36 の解答例. 定理 32 の条件 (1), (2), (2′), (3), (3′) は，各 $a \in \mathbf{R}^2$ について同値な条件だから，(i) $\Longleftrightarrow$ 任意の $a \in \mathbf{R}^2$ について (1) $\Longleftrightarrow$ 任意の $a \in \mathbf{R}^2$ について (2) $\Longleftrightarrow$ (ii)。また，(ii) $\Longleftrightarrow$ 任意の $a \in \mathbf{R}^2$ について (2) $\Longleftrightarrow$ 任意の $a \in \mathbf{R}^2$ について (2′) $\Longleftrightarrow$ (ii′)。同様に，(ii′) $\Longleftrightarrow$ (iii) $\Longleftrightarrow$ (iii′) が示される。したがって，(i), (ii), (ii′), (iii), (iii′) は，それぞれ互いに同値である。 $\square$

演習問題 38 の解答例. 1. $d(\boldsymbol{a}, \boldsymbol{b}) = \sqrt{\sum_{i=1}^{m}(b_i - a_i)^2} = \sqrt{\sum_{i=1}^{m}(a_i - b_i)^2} = d(\boldsymbol{b}, \boldsymbol{a})$。 2. $d(\boldsymbol{a}, \boldsymbol{b}) = \sqrt{\sum_{i=1}^{m}(b_i - a_i)^2} \geqq 0$。 3. $\sqrt{\sum_{i=1}^{m}(b_i - a_i)^2} = 0$ となるのは，$\sum_{i=1}^{m}(b_i - a_i)^2 = 0$ つまり，任意の i, $1 \leqq i \leqq m$ について，$a_i = b_i$ のときそのときに限る。したがって，$\boldsymbol{a} = \boldsymbol{b}$ のときそのときに限る。 4. 一般にベクトル $\boldsymbol{u}$ と $\boldsymbol{v}$ について，その内積とベクトルの長さは $(\boldsymbol{u}, \boldsymbol{v}) = \|\boldsymbol{u}\| \, \|\boldsymbol{v}\| \cos\theta$ の関係にある。ただし，θ はベクトル $\boldsymbol{u}$ と $\boldsymbol{v}$ のなす角である。特に，$\boldsymbol{u} = \boldsymbol{c} - \boldsymbol{b}$, $\boldsymbol{v} = \boldsymbol{b} - \boldsymbol{a}$ にあてはめると，$d(\boldsymbol{a}, \boldsymbol{c})^2 = \|\boldsymbol{c} - \boldsymbol{a}\|^2 = \|(\boldsymbol{c} - \boldsymbol{b}) + (\boldsymbol{b} - \boldsymbol{a})\|^2 = \|\boldsymbol{u} + \boldsymbol{v}\|^2 = (\boldsymbol{u} + \boldsymbol{v}, \boldsymbol{u} + \boldsymbol{v}) = (\boldsymbol{u}, \boldsymbol{u}) + 2(\boldsymbol{u}, \boldsymbol{v}) + (\boldsymbol{v}, \boldsymbol{v}) \leqq \|\boldsymbol{u}\|^2 + 2\|\boldsymbol{u}\| \, \|\boldsymbol{v}\| + \|\boldsymbol{v}\|^2 = (\|\boldsymbol{u}\| + \|\boldsymbol{v}\|)^2 = \{d(\boldsymbol{a}, \boldsymbol{b}) + d(\boldsymbol{b}, \boldsymbol{c})\}^2$ であるから，$d(\boldsymbol{a}, \boldsymbol{c}) \leqq d(\boldsymbol{a}, \boldsymbol{b}) + d(\boldsymbol{b}, \boldsymbol{c})$ を得る。 $\square$

演習問題 50 の解答例. 省略する。たとえば，正四面体の 4 頂点で考えれば 1 つの例ができる。 $\square$

解答集 181

演習問題 55 の解答例. 定義 46 の条件 1, 2, 3 を満たすことは容易にわかるので，条件 4 の三角不等式だけを示す．

d' が条件 4 を満たすこと，つまり，任意の $\boldsymbol{x}, \boldsymbol{y}, \boldsymbol{z} \in \mathbf{R}^2$ について，$d'(\boldsymbol{x}, \boldsymbol{z}) \leqq d'(\boldsymbol{x}, \boldsymbol{y}) + d'(\boldsymbol{y}, \boldsymbol{z})$ となること：

$$|x_1 - z_1| \;\; \leqq \;\; |x_1 - y_1| + |y_1 - z_1| \leqq d'(\boldsymbol{x}, \boldsymbol{y}) + d'(\boldsymbol{y}, \boldsymbol{z})$$
$$|x_2 - z_2| \;\; \leqq \;\; |x_2 - y_2| + |y_2 - z_2| \leqq d'(\boldsymbol{x}, \boldsymbol{y}) + d'(\boldsymbol{y}, \boldsymbol{z})$$

だから，

$$d'(x, z) = \max\{|x_1 - z_1|, |x_2 - z_2|\} \leqq d'(x, y) + d'(y, z)$$

が成り立つ．

d'' が条件 4 を満たすこと，つまり，任意の $\boldsymbol{x}, \boldsymbol{y}, \boldsymbol{z} \in \mathbf{R}^2$ について，$d''(\boldsymbol{x}, \boldsymbol{z}) \leqq d''(\boldsymbol{x}, \boldsymbol{y}) + d''(\boldsymbol{y}, \boldsymbol{z})$ となること：

$$d''(\boldsymbol{x}, \boldsymbol{z}) = |x_1 - z_1| + |x_2 - z_2| \leqq (|x_1 - y_1| + |y_1 - z_1|) + (|x_2 - y_2| + |y_2 - z_2|)$$
$$= (|x_1 - y_1| + |x_2 - y_2|) + (|y_1 - z_1| + |y_2 - z_2|) = d''(\boldsymbol{x}, \boldsymbol{y}) + d''(\boldsymbol{y}, \boldsymbol{z})$$

が成り立つ． □

演習問題 57 の解答例. 第 1 不等式：

$$|x_1 - y_1| = \sqrt{|x_1 - y_1|^2} \leqq \sqrt{|x_1 - y_1|^2 + |x_2 - y_2|^2} = d(\boldsymbol{x}, \boldsymbol{y})$$

であり，同様に $|x_2 - y_2| \leqq d(\boldsymbol{x}, \boldsymbol{y})$ だから，$d'(\boldsymbol{x}, \boldsymbol{y}) \leqq d(\boldsymbol{x}, \boldsymbol{y})$ となる．

第 2 不等式：

$$d(\boldsymbol{x}, \boldsymbol{y})^2 = |x_1 - y_1|^2 + |x_2 - y_2|^2 \leqq |x_1 - y_1|^2 + 2|x_1 - y_1||x_2 - y_2| + |x_2 - y_2|^2$$
$$= (|x_1 - y_1| + |x_2 - y_2|)^2 = d''(\boldsymbol{x}, \boldsymbol{y})^2$$

で，$d(\boldsymbol{x}, \boldsymbol{y}) \geqq 0, d''(\boldsymbol{x}, \boldsymbol{y}) \geqq 0$ だから，$d(\boldsymbol{x}, \boldsymbol{y}) \leqq d''(\boldsymbol{x}, \boldsymbol{y})$ がわかる．

第 3 不等式：

$|x_1 - y_1| \geqq |x_2 - y_2|$ のとき，$d'(\boldsymbol{x}, \boldsymbol{y}) = |x_1 - y_1|$ であり，

$$d''(\boldsymbol{x}, \boldsymbol{y}) = |x_1 - y_1| + |x_2 - y_2| \leqq 2|x_1 - y_1| = 2d'(\boldsymbol{x}, \boldsymbol{y}),$$

$|x_1 - y_1| \leqq |x_2 - y_2|$ のとき，$d'(\boldsymbol{x}, \boldsymbol{y}) = |x_2 - y_2|$ であり，

$$d''(\boldsymbol{x}, \boldsymbol{y}) = |x_1 - y_1| + |x_2 - y_2| \leqq 2|x_2 - y_2| = 2d'(\boldsymbol{x}, \boldsymbol{y})$$

が成り立つ． $\square$

演習問題 60 の解答例． 筆者が住んでいる地点 a は，札幌市郊外である．そこから新千歳空港経由で羽田空港まで，待ち時間などは完全に無視して計算すると 3 時間以内でたどり着ける．東京の中心部にもなんとか行ける．（実際は待ち時間などがあるから 3 時間では無理だが．）名古屋や大阪も空港までなら大丈夫である．福岡は微妙か．那覇へは確実に行けない．すると，東京 $\in B(a, 3)$，那覇 $\notin B(a, 3)$ ということになる． $\square$

演習問題 70 の解答例． （定義 67 を正確に適用して示す．）任意の $c \in (a, b)$ をとる．$a < c < b$ である．$\delta = \min\{c - a, b - c\}$ とおくと，$B(c, \delta) = (c - \delta, c + \delta) \subseteq (a, b)$ となる．したがって，開集合の条件が成り立つので，開区間 (a, b) は $\mathbf{R}$ の開集合である． $\square$

演習問題 87 の解答例． $(1) \Longrightarrow (2)$：(1) すなわち $\overline{F} = F$ を仮定して，(2) すなわち F^c が X の開集合であることを示す．任意に $x \in F^c$ をとる．$x \notin F$ だから仮定により，x は F の外点である．よって，$\delta > 0$ が存在して，$B(x, \delta) \cap F = \emptyset$ となる．このとき，$B(x, \delta) \subseteq F^c$ となる．よって F^c は X の開集合である．

$(2) \Longrightarrow (1)$：(2) すなわち F^c が X の開集合と仮定して，(1) すなわち $\overline{F} = F$ を示す．$\overline{F} \supset F$ は常に成り立つから，$\overline{F} \subseteq F$ を示す．任意に $x \in \overline{F}$ をとる．x は F の内点または境界点である．x が F の内点ならば $x \in F$ である．x が F の境界点とする．$x \notin F$ と仮定して矛盾を導く．仮定から $x \in F^c$ である．(2) より F^c は開集合であるから，$\delta > 0$ が存在して，$B(x, \delta) \subseteq F^c$ となる．よって，$B(x, \delta) \cap F = \emptyset$ となる．したがって x は F の外点である．これは x が F の境界点であることに矛盾する．したがって，$x \in F$ である．よって，$\overline{F} \subseteq F$ となり，$\overline{F} = F$ すなわち (1) を得る． $\square$

演習問題 90 の解答例. 例題 89 から, $\overline{B(\boldsymbol{a},r)} \subseteq \overline{B}(\boldsymbol{a},r)$ は成り立つ.

$\overline{B}(\boldsymbol{a},r) \subseteq \overline{B(\boldsymbol{a},r)}$ を示す. 任意に $\boldsymbol{x} \in \overline{B}(\boldsymbol{a},r)$ をとる. $d(\boldsymbol{a},x) \leqq r$ である. $d(\boldsymbol{a},x) < r$ ならば, $\boldsymbol{x} \in B(\boldsymbol{a},r) \subseteq \overline{B(\boldsymbol{a},r)}$ である. $d(\boldsymbol{a},\boldsymbol{x}) = r$ とする. $0 \leqq t \leqq 1$ に対して, $\boldsymbol{x}(t) := \boldsymbol{a} + t(\boldsymbol{x} - \boldsymbol{a}) = (1-t)\boldsymbol{a} + t\boldsymbol{x}$ とおく. $\boldsymbol{x}(0) = \boldsymbol{a}$, $\boldsymbol{x}(1) = \boldsymbol{x}$ である. $\boldsymbol{x}(t)$ は $\boldsymbol{a}$ と $\boldsymbol{x}$ を結ぶ線分上を動く. また, $d(\boldsymbol{a},\boldsymbol{x}(t)) = \|t(\boldsymbol{x} - \boldsymbol{a})\| = t\|\boldsymbol{x} - \boldsymbol{a}\| = td(\boldsymbol{a},\boldsymbol{x}) = tr$ である. よって, $0 \leqq t < 1$ のとき, $d(\boldsymbol{a},\boldsymbol{x}(t)) < r$ だから, $\boldsymbol{x}(t) \in B(\boldsymbol{a},r)$ である. さらに, $d(\boldsymbol{x},\boldsymbol{x}(t)) = \|(1-t)(\boldsymbol{a} - \boldsymbol{x})\| = (1-t)d(\boldsymbol{a},\boldsymbol{x}) = (1-t)r$ である. 任意に $\varepsilon > 0$ をとる. $1 - t < \frac{\varepsilon}{r}$ となるように, $t \neq 1$ を 1 に十分近くとれば, $d(\boldsymbol{x},\boldsymbol{x}(t)) < \varepsilon$ となる. したがって, このとき, $\boldsymbol{x}(t) \in B(\boldsymbol{a},r) \cap B(\boldsymbol{x},\varepsilon)$ となり, $B(\boldsymbol{a},r) \cap B(\boldsymbol{x},\varepsilon) \neq \emptyset$ となる. したがって, $\boldsymbol{x}$ は $B(\boldsymbol{a},r)$ の境界点である. したがって, $\boldsymbol{x} \in \overline{B(\boldsymbol{a},r)}$ である. よって, $\overline{B}(\boldsymbol{a},r) \subseteq \overline{B(\boldsymbol{a},r)}$ が示された. 以上により, ユークリッド空間では $\overline{B}(\boldsymbol{a},r) = \overline{B(\boldsymbol{a},r)}$ が成り立つ. $\qquad\square$

演習問題 97 の解答例. $(3) \Longrightarrow (3')$：(3) つまり,「任意の $\varepsilon > 0$ に対し, X における a の近傍 N が存在して, 任意の $x \in N$ に対して, $|f(x) - f(a)| < \varepsilon$ が成り立つ」ことを仮定する. a は N の内点であるから, $U = \mathrm{Int}(N)$ とおくと, U は a の開近傍であり, $U \subseteq N$ である. このとき, (3) より, 任意の $x \in U$ に対して, $|f(x) - f(a)| < \varepsilon$ が成り立つ. よって, $(3')$ が導かれる.

$(3') \Longrightarrow (3)$：$(3')$ を仮定する. $N = U$ とすれば, (3) が導かれる. $\qquad\square$

演習問題 100 の解答例. 省略する. 定理 30 の証明とまったく同様にできる.

$\qquad\square$

演習問題 103 の解答例. $(3) \Rightarrow (3')$ は, 定理 102 の証明中で示されているから, $(3') \Rightarrow (3)$ を示す.

$(3') \Rightarrow (3)$：M を $f(a)$ の近傍とする. $f(a)$ は M の内点であるから, $\varepsilon > 0$ が存在して, $B(f(a),\varepsilon) \subseteq M$ ということになる. その正数 ε に対して, (3) を $U = B(f(a),\varepsilon)$ にあてはめると, a の開近傍 V が存在して, $f(V) \subseteq U \subseteq M$ となる. そこで, $N = V$ とすれば, $f(N) \subseteq M$ となるから (3) が得られる.

$\qquad\square$

演習問題 110 の解答例. f が単射であること：$x, x' \in X$ とし，$f(x) = f(x')$ とする．$0 = d_Y(f(x), f(x')) = d_X(x, x')$ が成り立つ．よって，$x = x'$ となる．

f が連続であること：例題 108 で $L = 1$ ととれるので成り立つ．

連続であることの別解. 任意に $a \in X$ をとる．任意に $\varepsilon > 0$ をとる．$\delta = \varepsilon$ とおく．$x \in B(a, \delta)$ とすると，$d_Y(f(a), f(x)) = d_X(a, x) < \delta = \varepsilon$ が成り立ち，$f(x) \in B(f(a), \varepsilon)$ となり，$f(B(a, \delta)) \subseteq B(f(a), \varepsilon)$ が成り立つ．よって，f は $a \in X$ で連続である．$a \in X$ は任意であったから，f は連続写像である．$\square$

演習問題 118 の解答例. X を任意の有限集合とし，$d : X \times X \to \mathbf{R}$ を有限集合 X の上の任意の距離とする．U を X の任意の部分集合とする．U が X の開集合であることを示す．いま，任意の $x \in U$ に対し，X の x 以外の要素 y について，$d(x, y)$ の y を動かしたときの最小値を δ とおく：

$$\delta = \min\{d(x, y) \mid y \in X \setminus \{x\}\}.$$

各 $y \neq x$ について，$d(x, y)$ は正数であり，y の選び方は有限通りであるから，$\delta > 0$ である．このとき距離 d に関する x の δ-近傍 $B(x, \delta) = \{y \in X \mid d(x, y) < \delta\}$ は $B(x, \delta) = \{x\} \subseteq U$ となる．よって，U は X の開集合である．したがって，距離 d から定まる距離位相 $\mathcal{O}$ は X のべき集合 $\mathcal{P}(X)$，すなわち，X のすべての部分集合からなる集合，と一致する．よって，X 上の任意の距離位相は必ず離散位相になる．$\square$

演習問題 120 の解答例. (1) (I) $\emptyset, X \in \mathcal{O}$,

(II) $V_1, V_2, \dots, V_r \in \mathcal{O}$ ならば $V_1 \cap V_2 \cap \cdots \cap V_r \in \mathcal{O}$,

(III) $V_\lambda \in \mathcal{O}$ $(\lambda \in \Lambda)$ ならば $\bigcup_{\lambda \in \Lambda} V_\lambda \in \mathcal{O}$.

(2) (i) $\Rightarrow$ (ii)：(i) を仮定する．$U = \bigcup_{x \in U} W_x$ である．実際，任意の $x \in U$ について $U \supset W_x$ だから，$U \supset \bigcup_{x \in U} W_x$ が成り立つ．また，任意の $x \in U$ について $x \in W_x$ だから $U \subseteq \bigcup_{x \in U} W_x$ も成り立つ．W_x は X の開集合だから，U は X の開集合である．

(ii) $\Rightarrow$ (i)：(ii) を仮定する．$W_x = U$ とおけば (i) が成り立つ．したがって，(i) $\Leftrightarrow$ (ii) が成り立つ．$\square$

解答集　　　　　　　　　　　　　　　　185

演習問題 125 の解答例. (1) 閉包 $\overline{A}$ は，A のすべての内点と境界点からなる集合であるから，$X \setminus \overline{A}$ は A のすべての外点からなる集合であり，A の外部に一致する.

(2) $\overline{A}$ は A のすべての内点と境界点からなる集合であり，$A°$ は A のすべての内点からなる集合であるから，$\overline{A} \setminus A°$ は A のすべての境界点からなる集合，すなわち，A の境界に一致する.

(3) x が A の集積点 $\iff$ x が $A \setminus \{x\}$ の触点 $\iff$ $x \in \overline{A \setminus \{x\}}$.

(4) x が A の孤立点 $\iff$ $x \in A$ かつ $A \setminus \{x\}$ の外点 $\iff$ $x \in A$ かつ $x \notin \overline{A \setminus \{x\}}$ $\iff$ $x \in A$ かつ x が A の集積点でない. $\qquad\square$

演習問題 128 の解答例. まず，「F の境界点がすべて F に属する」ならば「$\overline{F} = F$」を示す.

F の境界点がすべて F に属すると仮定する. 任意の $x \in \overline{F}$ をとる. x は F の内点または境界点である. x が F の内点ならば，$x \in F$ である. x が F の境界点ならば，仮定から，やはり $x \in F$ である，したがって，$\overline{F} \subseteq F$ が成り立つ. $F \subseteq \overline{F}$ は常に成り立つから，$\overline{F} = F$ が導かれる.

次に，「$\overline{F} = F$」ならば 「F の境界点がすべて F に属する」を示す.

$\overline{F} = F$ が成り立つと仮定する. x を F の任意の境界点とする. $x \in \overline{F}$ である. よって，$x \in F$ である. したがって，F のすべての境界点は F に属する. $\qquad\square$

演習問題 131 の解答例. $A \subseteq F$ を満たす X の閉集合 F の全体の共通部分を G とおく（ここだけの記号である）.

(1) まず 「$\overline{A} \subseteq G$」を示す. F を $A \subseteq F$ を満たす X の任意の閉集合とする. このとき，$F^c \subseteq A^c$ であり，F^c は X の開集合であるから，F^c の任意の点は A^c の内点である. よって，F^c の任意の点は A の外点であり，$\overline{A}$ に属さない. よって，$F^c \cap \overline{A} = \emptyset$ である. したがって，$\overline{A} \subseteq F$ が成り立つ. F は $A \subseteq F$ を満たす X の任意の閉集合であったから，$\overline{A} \subseteq G$ が成り立つ.

次に，「$G \subseteq \overline{A}$」を示す. そのためには，補集合の包含関係「$\overline{A}^c \subseteq G^c$」を示せばよい.

$x \in \overline{A}^c$ とする. すると，x は A の内点でも境界点でもないから，A の外

点である．したがって，$x \in U$ かつ $U \cap A = \emptyset$ となる X の開集合 U が存在する．このとき，$F = U^c$ とおくと，$A \subseteq F$ であり，F は X の閉集合である．しかし，$x \in U$ だから $x \notin F$ である．すると，$x \notin G$ となる．

以上により，$\overline{A} = G$ が成り立つ．

(2) (1) から特に $\overline{A}$ は X の閉集合の共通部分だから X の閉集合であり，また，F が A を含む任意の閉集合とすると，$F \supset G = \overline{A}$ であるから，$\overline{A}$ は A を含む閉集合のうちで包含関係に関して最小である．

演習問題 131 (1) の別解．V を A^c に含まれる X の開集合すべての和集合とすると，$(A^c)^\circ = V$ が成り立つ（☞ 例題 124）．$(A^c)^\circ$ は A^c の内点の集合，すなわち，A の外点の集合であるから，$(A^c)^\circ = \overline{A}^c$ である．よって，$\overline{A}^c = V$ が成り立つ．したがって，$\overline{A} = V^c$ となる．一方，V^c は A を含む X の閉集合すべての共通部分であるから，$V^c = G$ となる（ド・モルガン則）．よって，$\overline{A} = V^c = G$ が成り立つ． $\square$

演習問題 134 の解答例．$(1')$ $\mathbf{R}$ の部分集合族 $A_\varepsilon = [-\varepsilon, 1 + \varepsilon]$，$\varepsilon \in \Lambda$（$\Lambda$ は正の実数の集合）を考える．$\bigcap_{\varepsilon \in \Lambda} A_\varepsilon = [0, 1]$，$(\bigcap_{\varepsilon \in \Lambda} A_\varepsilon)^\circ = (0, 1)$ となる．一方 $A_\varepsilon^\circ = (-\varepsilon, 1 + \varepsilon)$，$\bigcap_{\varepsilon \in \Lambda} A_\varepsilon^\circ = [0, 1]$ である．よって，等式 $(1')$ は成立しない．

$(2')$ $\mathbf{R}$ の部分集合族 $A_x = \{x\}$，$x \in (0, 1)$ を考える（$\Lambda = (1, 0)$ 開区間）．このとき，$\overline{\bigcup_{x \in (0,1)} A_x} = \overline{(0,1)} = [0, 1]$ となる．一方，$\overline{A_x} = \overline{\{x\}} = \{x\}$ であるから，$\bigcup_{x \in (0,1)} \overline{A_x} = (0, 1)$ となり，等式 $(2')$ は成立しない． $\square$

演習問題 147 の解答例．(1) $\Longrightarrow$ (2)：(1) つまり，f が a で連続と仮定して，(2) を導く．仮定から，任意の $\varepsilon > 0$ に対し，点 a の X における開近傍 U が存在して，$x \in U$ ならば $|f(x) - f(a)| < \varepsilon$ が成り立つ．そこで，近傍 N として開近傍 U をとれば (2) が成り立つことがわかる．

(2) $\Longrightarrow$ (1)：(2) つまり，任意の $\varepsilon > 0$ に対し，a の近傍 N が存在して，$x \in N$ ならば $|f(x) - f(a)| < \varepsilon$ が成り立つ，と仮定して (1) を導く．任意の $\varepsilon > 0$ をとる．仮定から，a の近傍 N が存在して，$x \in N$ ならば $|f(x) - f(a)| < \varepsilon$ が成り立つ．N は a の近傍であるから，a は N の内点である．したがって，X の開集合 U が存在して，$a \in U \subseteq N$ が成り立つ．このとき，U は点 a の開近傍であり，$x \in U$ ならば $|f(x) - f(a)| < \varepsilon$ が成り立

つ．したがって，f は点 a で連続，すなわち，(1) が成り立つ． □

演習問題 150 の解答例． f が a で連続とする．M を $f(a)$ の近傍とする．$f(a)$ は M の内点であるから，$f(a)$ の開近傍 U が存在して，$U \subseteq M$ となる．f は a で連続であるから，a の開近傍 V が存在して，$f(V) \subseteq U \subseteq M$ となる．そこで，$N = V$ とすれば，$f(N) \subseteq M$ となり (*) が得られる．

逆に (*) を仮定する．U を $f(a)$ の開近傍とする．$M = U$ として (*) にあてはめると，仮定から，a の近傍 N が存在して，$f(N) \subseteq U$ となる．a は N の内点であるから，a の開近傍 V が存在して，$V \subseteq N$ となる．すると，$f(V) \subseteq U$ を満たす．よって f は a で連続である． □

演習問題 158 の解答例． $g : \mathbf{R}_{>0} \to \mathbf{R}$ を $g(y) = \log(y)$ とおく．g は全単射であり連続であり，逆写像 $g^{-1} : \mathbf{R} \to \mathbf{R}_{>0}, g^{-1}(z) = e^z$ も連続である．したがって，g は同相写像である．例題 157 の $f : (0,1) \to \mathbf{R}_{>0}$ との合成写像 $h = g \circ f : (0,1) \to \mathbf{R}$ を考えると，h は全単射で連続写像で，逆写像 $h^{-1} = f^{-1} \circ g^{-1}$ も連続である．よって，h は同相写像であり，したがって，$(0,1)$ と $\mathbf{R}$ は同相である． □

演習問題 168 の解答例． ... (1) $A \subseteq V_1 \cup V_2$, (2) $A \cap V_1 \cap V_2 = \emptyset$, (3) $A \cap V_1 \neq \emptyset$, (4) $A \cap V_2 \neq \emptyset$ が成り立つ．

(1) を示す．任意の $a \in A$ について，$f(a) \in f(A)$ だから，$f(a) \in U_1$ または $f(a) \in U_2$ となる．したがって，$a \in V_1$ または $a \in V_2$ である．よって $A \subseteq V_1 \cup V_2$ が成り立つ．(2) を示す．$f(A \cap V_1 \cap V_2) \subseteq f(A) \cap U_1 \cap U_2 = \emptyset$ だから $A \cap V_1 \cap V_2 = \emptyset$ となる．(3) を示す．$f(A) \cap U_1 \neq \emptyset$ だから，$b \in f(A) \cap U_1$ が存在する．$b \in f(A)$ だから，$a \in A$ が存在して，$b = f(a)$ となる．$f(a) \in U_1$ だから，$a \in V_1$ である．よって，$a \in A \cap V_1$ である．したがって，$A \cap V_1 \neq \emptyset$ となる．(4) は (3) と同様に示される．

これは A が連結集合であることに矛盾する．よって，$f(A)$ は連結である． □

演習問題 170 の解答例． (1) $x \in X$ が A の触点とは，「X の任意の開集合 U

について，$x \in U$ ならば，$U \cap A \neq \emptyset$」が成り立つことである．また，$\overline{A}$ は「A の触点全体のなす集合」である．

(2) 位相空間 X の部分集合 $A \subseteq X$ が連結であるとは，「どんな集合 A_1, A_2 をもってきても，$A = A_1 \cup A_2$, $A_1 \neq \emptyset$, $A_2 \neq \emptyset$, $A_1 \cap \overline{A_2} = \emptyset$, $\overline{A_1} \cap A_2 = \emptyset$ の 5 つの条件のどれかが成り立たない」ことである．言い換えれば，「$A \subseteq U_1 \cup U_2$, U_1, U_2 が X の開集合で，$A \cap U_1 \cap U_2 = \emptyset$ ならば，$A \cap U_1 = \emptyset$ または $A \cap U_2 = \emptyset$」が成り立つことである（☞ 連結集合：定義 163, ☞ 連結集合の特徴付け：定理 166）．

(3) $\overline{A}$ が連結でないと仮定して矛盾を導く．仮定から，集合 A_1', A_2' が存在して，$\overline{A} = A_1' \cup A_2'$, $A_1' \neq \emptyset$, $A_2' \neq \emptyset$, $A_1' \cap \overline{A_2'} = \emptyset$, $\overline{A_1'} \cap A_2' = \emptyset$ の 5 条件がすべて満たされる．$A_1 = A_1' \cap A, A_2 = A_2 = A_2' \cap A$ とおくとき，「A が連結である」という大前提と矛盾することを示す，という方針である．まず，「$A = A_1 \cup A_2$」を示す．$a \in A$ とすると，$a \in \overline{A}$ だから，$a \in A_1'$ または $a \in A_2'$ なので，$a \in A_1$ または $a \in A_2$ となり，$A \subseteq A_1 \cup A_2$ がわかる．$A \supset A_1 \cup A_2$ は明らかだから，$A = A_1 \cup A_2$ が成り立つ．次に，「$A_1 \neq \emptyset$」を背理法で示す．もし $A_1 = \emptyset$ とすると，$A \subseteq A_1 \cup A_2$ から $A \subseteq A_2$ となるはずである．すると，$\emptyset \neq A_1' \subseteq \overline{A} \subseteq \overline{A_2} \subseteq \overline{A_2'}$ となり，$A_1' \cap \overline{A_2'} = A_1' \neq \emptyset$ となるが，$A_1' \cap \overline{A_2'} = \emptyset$ という条件に反することになる．よって，$A_1 \neq \emptyset$ が成り立つ．第 3 の「$A_2 \neq \emptyset$」は，上で A_1 と A_2 の立場を入れ替えれば同様に示される．第 4 の「$A_1 \cap \overline{A_2} = \emptyset$」は，$A_1 \cap \overline{A_2} \subseteq A_1' \cap \overline{A_2'} = \emptyset$ により示される．第 5 の「$\overline{A_1} \cap A_2 = \emptyset$」は，$\overline{A_1} \cap A_2 \subseteq \overline{A_1'} \cap A_2' = \emptyset$ により示される．

演習問題 170 (3) の別解．$\overline{A}$ が連結でないと仮定して矛盾を導く．$\overline{A}$ が連結でないとする．すると，X の開集合 U_1, U_2 で，$\overline{A} \subseteq U_1 \cup U_2$, $\overline{A} \cap U_1 \cap U_2 = \emptyset$, $\overline{A} \cap U_1 \neq \emptyset$ かつ $\overline{A} \cap U_2 \neq \emptyset$ となるものが存在する．$\overline{A} \cap U_1 \neq \emptyset$ だから，$x \in \overline{A} \cap U_1$ となる x が存在する．x は A の触点であり，$x \in U_1$ である．したがって，$A \cap U_1 \neq \emptyset$ である．$\overline{A} \cap U_2 \neq \emptyset$ だから，$x' \in \overline{A} \cap U_2$ となる x' が存在する．x' は A の触点であり，$x \in U_2$ である．したがって，$A \cap U_2 \neq \emptyset$ である．さらに，$A \subseteq U_1 \cup U_2$ で，$A \cap U_1 \cap U_2 = \emptyset$ である．これは，A は連結であることに矛盾する．したがって，背理法により，$\overline{A}$ は連結である． □

演習問題 171 の解答例．(1) $A \cup B$ が非連結と仮定して，矛盾を導く．仮定から，

X の開集合 U_1, U_2 が存在して、$A \cup B \subseteq U_1 \cup U_2, (A \cup B) \cap U_1 \neq \emptyset, (A \cup B) \cap U_2 \neq \emptyset, (A \cup B) \cap U_1 \cap U_2 = \emptyset$ となる（☞ 非連結集合の特徴付け：定理 165）。もし $A \cap U_1 \neq \emptyset, A \cap U_2 \neq \emptyset$ ならば、$A \subseteq U_1 \cup U_2, A \cap U_1 \cap U_2 = \emptyset$ だから、A が連結であることに反する。よって、$A \cap U_1 = \emptyset$ または $A \cap U_2 = \emptyset$ となるはずである。$B \cap U_1 \neq \emptyset, B \cap U_2 \neq \emptyset$ としても矛盾が導かれる。よって、$B \cap U_1 = \emptyset$ または $B \cap U_2 = \emptyset$ となるはずである。$(A \cup B) \cap U_1 \neq \emptyset, (A \cup B) \cap U_2 \neq \emptyset$ であったから、(i) $A \cap U_1 = \emptyset, B \cap U_2 = \emptyset$ となるか、(ii) $A \cap U_2 = \emptyset, B \cap U_1 = \emptyset$ となるか、のどちらかしかあり得ない。$A \cap B \neq \emptyset$ だから点 $x \in A \cap B$ をとることができる。(i) の場合、$x \notin U_1, x \notin U_2$ となり、$x \in A \cup B \subseteq U_1 \cup U_2$ に矛盾する。(ii) の場合にも同様に矛盾が導かれる。いずれにせよ矛盾が導かれる。よって、$A \cup B$ は連結である。

(2) $x, y, z \in X$ とする。$\{x\} \subseteq X$ は X の連結集合であるから、$x \sim x$ が成り立つ。$x \sim y$ とする。X の連結集合 A が存在して、$x \in A$ かつ $y \in A$ であるから、当然 $y \sim x$ も成り立つ。$x \sim y, y \sim z$ とする。X の連結集合 A が存在して、$x \in A$ かつ $y \in A$ となる。また、X の連結集合 B が存在して、$y \in B$ かつ $z \in B$ となる。(1) の結果より、$A \cup B$ は X の連結集合であり、$x \in A \cup B$ かつ $z \in A \cup B$ となる。したがって、$x \sim z$ となる。よって、関係 $\sim$ は同値関係である。 $\square$

演習問題 173 の解答例. (1) Y の任意の開集合 U に対して、$f^{-1}(U)$ が X の開集合である。

(2) $f(A)$ が連結でないと仮定して矛盾を導く。$f(A)$ が連結でないとすると、Y の開集合 V_1, V_2 で、$f(A) \subseteq V_1 \cup V_2, f(A) \cap V_1 \cap V_2 = \emptyset, f(A) \cap V_1 \neq \emptyset, f(A) \cap V_2 \neq \emptyset$ を満たすものが存在する。このとき、$U_1 = f^{-1}(V_1), U_2 = f^{-1}(V_2)$ とおくと、U_1, U_2 は X の開集合で、$A \subseteq U_1 \cup U_2, A \cap U_1 \cap U_2 = \emptyset, A \cap U_1 \neq \emptyset, A \cap U_2 \neq \emptyset$ を満たす。したがって、A は連結集合でない。これは A が連結であることに矛盾する。したがって、$f(A)$ は連結である。

(3) $0, 1 \in f(A)$ である。$0 < c < 1$ とする。$c \notin f(A)$ と仮定する。$V_1 = (-\infty, c), V_2 = (c, \infty)$ とおくと、V_1, V_2 は $\mathbf{R}$ の開集合で、$f(A) \subseteq V_1 \cup V_2, f(A) \cap V_1 \cap V_2 = \emptyset, f(A) \cap V_1 \neq \emptyset$（なぜなら、$0 \in f(A) \cap V_1$ だから）、$f(A) \cap V_2 \neq \emptyset$（なぜなら、$1 \in f(A) \cap V_2$ だから）、よって、$f(A)$ は連結でな

い．一方，A は連結であるから，(2) より $f(A)$ は連結である．これは矛盾である．したがって，$c \in f(A)$ である．よって，$[0,1] \subseteq f(A)$ が成り立つ． □

演習問題 192 の解答例. (0) A の X における任意の開被覆 $A \subseteq \bigcup_{\alpha \in \Lambda} V_\alpha$ に対し，有限個の $\alpha_1, \ldots, \alpha_p \in \Lambda$ が存在して，$A \subseteq V_{\alpha_1} \cup \cdots \cup V_{\alpha_p}$ が成り立つ．（A の X における任意の開被覆が有限部分被覆をもつ．）

(1) $n \in \mathbf{N}$ に対し，$U_n = (-\infty, n) \subseteq \mathbf{R}$ とおく．すると，$\{U_n\}_{n \in \mathbf{N}}$ は $\mathbf{R}$ の開被覆となる．$\mathbf{R} = \bigcup_{n \in \mathbf{N}} U_n$ である．しかし $\{U_n\}_{n \in \mathbf{N}}$ から有限個の $U_{n_1}, \ldots, U_{n_p}$ を選んで，$\mathbf{R} = U_{n_1} \cup \cdots \cup U_{n_p}$ と覆うことはできない．

なぜなら，もし覆えるとすると，$N = \max\{n_1, \ldots, n_p\}$ とおくと，$\mathbf{R} \subseteq U_{n_1} \cup \cdots \cup U_{n_p} = U_N = (-\infty, N)$ となり矛盾が導かれるからである．

よって，$\mathbf{R}$ はコンパクトではない．

(2) $n \in \mathbf{N}$ に対し，$U_n = (-\infty, n) \subseteq \mathbf{R}$ とおく．すると，$\{U_n\}_{n \in \mathbf{N}}$ は A の開被覆となる．$A \subseteq \bigcup_{n \in \mathbf{N}} U_n$ である．$\{U_n\}_{n \in \mathbf{N}}$ から有限個の $U_{n_1}, \ldots, U_{n_p}$ を選んで，$A \subseteq U_{n_1} \cup \cdots \cup U_{n_p}$ と覆うことはできない．なぜなら，もし覆えるとすると，$N = \max\{n_1, \ldots, n_p\}$ とおくと，$A \subseteq U_{n_1} \cup \cdots \cup U_{n_p} = U_N = (-\infty, N)$ となり矛盾が導かれるからである．よって，A はコンパクトではない．

(3) A の任意の開被覆 $\{U_\alpha\}_{\alpha \in \Lambda}$（$A \subseteq \bigcup_{\alpha \in \Lambda} U_\alpha$，$U_\alpha$ は $\mathbf{R}$ の開集合）をとる．

ある $\alpha_0 \in \Lambda$ があって，$0 \in U_{\alpha_0}$ となる．U_{α_0} は開集合であるから，$\delta > 0$ があって，$(-\delta, \delta) \subseteq U_{\alpha_0}$ となる．$k \in \mathbf{N}$ を $\frac{1}{k} < \delta$ となるようにとれば，$n \geqq k$ ならば $\frac{1}{n} \in U_{\alpha_0}$ となる．一方，$n = 1, 2, \ldots, k-1$ に対しては，それぞれ，$\frac{1}{n} \in U_{\alpha_n}$ となる $\alpha_n \in \Lambda$ が存在する．このとき，

$$A \subseteq U_{\alpha_1} \cup U_{\alpha_2} \cup \cdots \cup U_{\alpha_{k-1}} \cup U_{\alpha_0}$$

となる．このように有限部分被覆が存在する．したがって，A はコンパクトである． □

演習問題 196 の解答例. 任意の点 $\boldsymbol{a} \in \mathbf{R}^m$ をとる．任意に $\delta > 0$ をとる．点 $\boldsymbol{a}$ 中心で半径 δ の閉 δ-近傍

$$\overline{B}(\boldsymbol{a}, \delta) := \{\boldsymbol{x} \in \mathbf{R}^m \mid d(\boldsymbol{a}, \boldsymbol{x}) \leqq \delta\}$$

を考え，$N = \overline{B}(a, \delta)$ とおく．N は a の近傍である．実際，$a \in B(a, \delta) \subseteq N$ となり，a は N の内点である．また，N は $\mathbf{R}^m$ の有界閉集合である．したがって，N は $\mathbf{R}^m$ のコンパクト集合である．したがって a はコンパクト近傍をもつ．よって，$\mathbf{R}^m$ は局所コンパクトである．　　　　　□

演習問題 204 の解答例. X をコンパクトなハウスドルフ空間とする．

　X がハウスドルフ空間だから，y, z が異なる X の点のとき，y の開近傍 U と z の開近傍 V があって $U \cap V = \emptyset$ となるが，その U について，$z \notin U$ なので，条件 (1) が成り立つ．

　Y, Z を X の閉集合で，$Y \cap Z = \emptyset$ とする．$y \in Y$ をとり，いったん固定して，$z \in Z$ をとる．$y \neq z$ であり，X はハウスドルフ空間であるから，y の開近傍 $U_{y,z}$ と z の開近傍 $V_{y,z}$ が存在して，$U_{y,z} \cap V_{y,z} = \emptyset$ となる．y を固定して，z を Z 上で動かして考えて，Z の開被覆 $\{V_{y,z}\}_{z \in Z}$ をとる．いま，X はコンパクトで Z は X の閉集合であるから，Z はコンパクトである．したがって，$\{V_{y,z}\}_{z \in Z}$ から Z の有限部分開被覆を選ぶことができる．すなわち，有限個の点 $z_1, \ldots, z_r$ をとって，$\{V_{y,z_i}\}_{i=1}^r$ を Z の開被覆とできる．$U_y = \bigcap_{i=1}^r U_{y,z_i}$ とおき，$V_y = \bigcup_{i=1}^r V_{y,z_i}$ とおく．すると，U_y は y の開近傍であり，V_y は Z を含む開集合であり，また，$U_y \cap V_y = \emptyset$ である．次に y を Y 上で動かして考えて，Y の開被覆 $\{U_y\}_{y \in Y}$ をとる．X はコンパクトで Y は X の閉集合であるから，Y はコンパクトである．したがって，有限個の点 $y_1, \ldots, y_s$ が存在して，$\{U_{y_j}\}_{j=1}^s$ は Y の開被覆となる．$U = \bigcup_{j=1}^s U_{y_j}$ とおき，$V = \bigcap_{k=1}^s V_{y_k}$ とおく．すると，U は Y を含む開集合であり，V は Z を含む開集合であり，

$$U \cap V = \left(\bigcup_{j=1}^s U_{y_j} \right) \cap \left(\bigcap_{k=1}^s V_{y_k} \right) = \bigcup_{j=1}^s \left(U_{y_j} \cap \left(\bigcap_{k=1}^s V_{y_k} \right) \right) = \emptyset$$

となる．ただし，最右辺は，$U_{y_j} \cap (\bigcap_{k=1}^s V_{y_k}) \subseteq U_{y_j} \cap V_{y_j} = \emptyset$ から導かれる．
　　　　　□

演習問題 204 の別解. コンパクトなハウスドルフ空間は正則空間であること（☞ 例題 202）を用いた別解．ただし，条件 (1) については，上の解答例と同じ．条件 (2) についての別解．

$y \in Y$ をとる. $y \notin Z$ であり, X は正則空間であるから, y の開近傍 U_y と Z を含む開集合 V_y が存在して, $U_y \cap V_y = \emptyset$ となる.（V_y と書いているが, y の近傍という意味ではなく, 単に, y に依存することを表している.）y を Y 上で動かして考えて, Y の開被覆 $\{U_y\}_{y \in Y}$ をとる. X はコンパクトで Y は X の閉集合であるから, Y はコンパクトである. したがって, 有限個の点 $y_1, \ldots, y_s$ が存在して, $\{U_{y_j}\}_{j=1}^{s}$ は Y の開被覆となる. $U = \bigcup_{j=1}^{s} U_{y_j}$ とおき, $V = \bigcap_{k=1}^{s} V_{y_k}$ とおく. すると, U は Y を含む開集合であり, V は Z を含む開集合であり,

$$U \cap V = (\bigcup_{j=1}^{s} U_{y_j}) \cap (\bigcap_{k=1}^{s} V_{y_k}) = \bigcup_{j=1}^{s} \left(U_{y_j} \cap (\bigcap_{k=1}^{s} V_{y_k}) \right) = \emptyset$$

となる. $\qquad\square$

演習問題 217 の解答例. 有限個の点からなる距離空間 $X = \{x_1, \ldots, x_r\}$ はコンパクトである. 実際, X の任意の開被覆 $\{U_\lambda\}_{\lambda \in \Lambda}$ について, x_i を含む U_{λ_i} をとれば, 有限部分被覆 $\{U_{\lambda_i}\}_{i=1}^{r}$ が得られる. したがって, 定理 216 により, (X, d) は完備である.

演習問題 217 の別解. (X, d) を有限個の点からなる距離空間とする. $r = \min\{d(x, y) \mid x, y \in X, x \neq y\}$ とおく. $r > 0$ である.

x_n を X 上のコーシー列とする. 上の $r > 0$ に対して, 番号 n_0 が存在して, $n_0 \le n, n_0 \le m$ ならば, $d(x_n, x_m) < r$ となる. このとき, r の定め方から, $x_n = x_m$ となる. つまり, $a \in X$ が存在して, $n_0 \le n$ ならば $x_n = a$ となる. よって, x_n は収束列である. したがって, (X, d) は完備である. $\qquad\square$

演習問題 220 の解答例. A が有界であるという仮定から, $c \in X, R > 0$ が存在して, $A \subseteq B(c, R)$ となる. $R' = d(b, c) + R$ とおく. 任意に $x \in A$ をとる. すると, $d(c, x) < R$ であるから, $d(b, x) \le d(b, c) + d(c, x) < d(b, c) + R = R'$ が成り立つ. よって, $x \in B(b, R')$ となる. したがって, $A \subseteq B(b, R')$ が成り立つ. $\qquad\square$

演習問題 222 の解答例. A を距離空間 (X, d) の有限部分集合とする. A が

有界閉集合であることを示す.

A が閉集合であること. $U = X \setminus A$ とおく. $x \in U$ を任意にとる. $\delta = \min\{d(x,a) \mid a \in A\}$ とおくと, A が有限集合だから $\delta > 0$ である. $B(x,\delta) = \{x' \in X \mid d(x,x') < \delta\} \subseteq U$ である. よって, x は U の内点であり, U は開集合である. よって, A は X の閉集合である.

A が有界であること. $a \in A$ を任意にとり, $r = \max\{d(a,b) \mid b \in A\}$ とおくと, $A \subseteq B(a, r+1)$ である. よって, A は有界である. $\square$

演習問題 227 の解答例. X が有界であるという仮定から, $c \in X$ と $R > 0$ が存在して, $X = B(c, R)$ となる. 任意の $x, y \in X$ について, $d(x,y) \leqq d(x,c) + d(c,y) < R + R = 2R$ となる. よって, $d(X) \leqq 2R < \infty$ となる. $\square$

演習問題 228 の解答例. (X,d) を距離空間とし, $A \subseteq X$ を全有界な部分集合とする. $\varepsilon = 1$ に対して, A の有限個の点 $x_1, \ldots, x_r$ が存在して, $A \subseteq \bigcup_{i=1}^{r} B(x_i, 1)$ となる. $c = x_1$ とおき, $R = \max\{d(c, x_i) + 1 \mid i = 1, 2, \ldots, r\}$ とおくと, $A \subseteq B(c, R)$ が成り立つ. 実際, 任意の $x \in A$ をとる. ある $i\ (1 \leqq i \leqq r)$ が存在して, $x \in B(x_i, 1)$ となる. $d(x_i, x) < 1$ であるから,

$$d(c,x) \leqq d(c, x_i) + d(x_i, x) < d(c, x_i) + 1 \leqq R$$

が成り立つ. したがって, $x \in B(c, R)$ である. よって, $A \subseteq B(c, R)$ が成り立つ.

よって A は有界集合である. $\square$

演習問題 241 の解答例. (1) 任意の $n, m \in \mathbf{Z}$ について, $d(i_\varepsilon(n), i_\varepsilon(m)) = d(\varepsilon n, \varepsilon m) = |\varepsilon m - \varepsilon n| = \varepsilon|m - n| = \varepsilon d(n,m) = d_\varepsilon(n,m)$ が成り立つ. したがって, i_ε は等長写像である.

(2) 実数 x について x を超えない最大の整数を $[x]$ と書く (ガウスの記号). $[x] \leqq x < [x] + 1$ が成り立つ. x の代わりに y/ε を考えると, $[y/\varepsilon] \leqq y/\varepsilon < [y/\varepsilon]+1$ が成り立つ. よって, $\varepsilon[y/\varepsilon] \leqq y < \varepsilon([y/\varepsilon]+1) = \varepsilon[y/\varepsilon]+\varepsilon$ となる. そこで, $n = [y/\varepsilon]$ とおけば, $d(i_\varepsilon(n), y) = d(\varepsilon[y/\varepsilon], y) = |y - \varepsilon[y/\varepsilon]| < \varepsilon$ が成り立つ.

(3) $(Z, d) = (\mathbf{R}, d)$ とおく. (1) の等長写像 $i = i_\varepsilon : (\mathbf{Z}, d_\varepsilon) \to (Z, d)$ を考える. また, $j : (\mathbf{R}, d) \to (\mathbf{R}, d) = (Z, d)$ を恒等写像とすると, j も等長写像である. ハウスドルフ距離 $d(i(\mathbf{Z}), j(\mathbf{R}))$ を考えると, 任意の $x \in i(\mathbf{Z})$ に対して, $y = x \in j(\mathbf{R})$ とおけば, $d(x, y) = 0 < \varepsilon$ であり, また, (2) から, 任意の $y \in \mathbf{R}$ に対して, $n \in \mathbf{Z}$ が存在して, $d(i(n), y) < \varepsilon$ となる. したがって, ハウスドルフ距離 $d(i(\mathbf{Z}), j(\mathbf{R})) \leqq \varepsilon$ が成り立つ. したがって, $d_{GH}((\mathbf{Z}, d_\varepsilon), (\mathbf{R}, d)) \leqq \varepsilon$ となる. よって, $\varepsilon \to +0$ のとき, $d_{GH}((\mathbf{Z}, d_\varepsilon), (\mathbf{R}, d))$ は 0 に収束する. $\square$

演習問題 256 の解答例. $Y \times Y \setminus \Delta_Y$ が $Y \times Y$ の開集合であることを示す. $(y_1, y_2) \in Y \times Y \setminus \Delta_Y$ とする. $y_1 \neq y_2$ であるから, y_1, y_2 は Y の異なる 2 点である. Y はハウスドルフ空間だから, $V_1 \cap V_2 = \emptyset$ を満たす y_1 の開近傍 V_1 と y_2 の開近傍 V_2 が存在する. $V_1 \times V_2$ は $Y \times Y$ における (y_1, y_2) の開近傍である. また, $V_1 \times V_2$ は $Y \times Y \setminus \Delta_Y$ に含まれる. (実際, もし, $V_1 \times V_2$ が $Y \times Y \setminus \Delta_Y$ に含まれないとすると, $(V_1 \times V_2) \cap \Delta_Y \neq \emptyset$ であり, Δ_Y のある点 (y, y) が $V_1 \times V_2$ に属するはずだが, $y \in V_1$ かつ $y \in V_2$ となり, $V_1 \cap V_2 = \emptyset$ に矛盾するからである.) したがって, $Y \times Y \setminus \Delta_Y$ は $Y \times Y$ の開集合なので, Δ_Y は $Y \times Y$ の閉集合である. $\square$

演習問題 264 の解答例. U を $X/\sim$ の任意の開集合とする. 商位相の定義により $\pi^{-1}(U)$ は X の開集合である. よって, π は連続写像である (☞ 連続写像の特徴付け: 定理 152). $\square$

演習問題 280 の解答例. (1) (I) より, $0 = a - a \leqq b - a$. (2) $0 \leqq a$ のとき, (II) より, $0 \leqq a^2$ である. $a \leqq 0$ のとき, $0 = a - a \leqq -a$ だから, $0 \leqq (-a)^2 = a^2$. $\square$

演習問題 281 の解答例. (1) $0 \leqq a$ のとき, 定義により $0 \leqq |a|$ が成り立つ. $a < 0$ のとき, $0 < -a = |a|$ が成り立つ. いずれにせよ, $0 \leqq |a|$ が成り立つ.

(2) $0 \leqq a$ のとき, $-a \leqq a$ だから, $|a| = a = \max\{a, -a\}$ が成り立つ. $a < 0$ のとき, $a < -a$ だから, $|a| = -a = \max\{a, -a\}$ が成り立つ. いずれにせよ, $|a| = \max\{a, -a\}$ が成り立つ.

解答集　　　195

(3) $|x-a|<\delta$ ならば (2) から，$x-a<\delta$ かつ $-(x-a)<\delta$ が成り立つ．最初の不等式から $x<a+\delta$ を得る．2 番目の不等式から $-x+a<\delta$ すなわち $a-\delta<x$ を得る．よって，$a-\delta<x<a+\delta$ が成り立つ．　　□

演習問題 283 の解答例. $ta+(1-t)b-a=(1-t)(b-a)$ である．$0<1-t$, $0<b-a$ より，$ta+(1-t)b-a>0$ である．したがって，$a<ta+(1-t)b$ である．$b-(ta+(1-t)b)=t(b-a)$ である．$0<t$, $0<b-a$ より，$b-(ta+(1-t)b)=t(b-a)>0$ である．したがって，$ta+(1-t)b<b$ である．　　□

演習問題 300 の解答例. $\emptyset$ が空集合である．$\{\emptyset\}$ は，$\emptyset$ という要素があるので空集合ではない．　　□

巻末試験のヒント.

問題 1 ☞ 演習問題 4.

問題 2 ☞ 演習問題 100.

問題 3 ☞ 演習問題 55, 57.

問題 4 ☞ 定理 71.

問題 5 ☞ 定義 67, 例 114, 定理 80.

問題 6 ☞ 定理 200.

問題 7 ☞ 定理 130.

問題 8 ☞ 例題 205.

問題 9 ☞ 演習問題 173.

問題 10 ☞ 例題 191.

問題 11 ☞ 例題 202 (1).

問題 12 ☞ 定義 208, 定理 211.

問題 13 ☞ 演習問題 222.

問題 14 ☞ 例題 261.

問題 15 ☞ 例題 253.

問題 16 ☞ 例題 266.

参考文献

　位相に関する優れたテキストは数多くある．実際，本書を執筆するにあたって，次のテキストを参照させてもらった．

志賀浩二『位相への 30 講』朝倉書店 (1988).
内田伏一『位相入門』裳華房 (1997).
菅原正博『位相への入門』朝倉書店 (1966).
神保秀一，本多尚文『位相空間』数学書房 (2011).
森田茂之『集合と位相空間』朝倉書店 (2002).
森 毅『位相のこころ』ちくま学芸文庫，筑摩書房 (2006).

　また，余談の中で，

Richard Montgomery, *A Tour of Subriemannian Geometries, Their Geodesics and Applications,* American Mathematical Society, Mathematical Surveys and Monographs, **91** (2002).

を参考にした．

　なお，本書の題名『位相のあたま』は，森毅先生の『位相のこころ』の影響を受けている．位相の"こころ"に至るために，まず"あたま"から，という意味でもある．

本書では，位相に関する基本的な概念を，「的を絞ってていねいに」解説することを心がけた．したがって，触れることができなかった題材も多い．本書に書かれていないことは，参考文献にあたって調べてほしい．しかし，1 を理解できるようになれば，簡単に 100 理解できるようになるものである．数学はそのような学問だからである．位相のあたまがあればなんでもわかる．数学のあたまがあればなんでもできる．本書をよく読んでちゃんと理解していたら，他のことも容易にわかるようになっているはずである．..たぶん．

　なお，本書は自習用にも使えるよう，説明はていねいに，証明では同じパターンをあえて何度も繰り返し，一貫して（見方によっては）冗長な記述を心がけた．そういう次第なので，教科書として講義で使用される場合は，適宜，省略，必要があれば補足，および自由に逸脱の上ご使用いただければ幸いである．

あとがき

「位相のあたま」の英訳は topological head である.

　すべての学問，さらにすべての人間活動と同じように，じつは，数学も，頭（あたま）だけでするものではなく，身体（からだ）でするものである. そして「あたま」と「からだ」は「こころ」にも通じる.

　あなたも，位相の「あたま」と「からだ」と「こころ」になってください.

　柔軟な考え方をもとに，今後も器の大きい活動を続けてください.

　柔らかいあたまとからだとこころをもった立派な位相人間 topological hu(wo)man になってください.

　執筆が遅れても筆者をやさしく励まして完成までこぎつかせてくれた，共立出版の大谷早紀さんに感謝します.

石川剛郎

索　引

【あ行】

位相 (topology)　54, 112

位相空間 (topological space)　54

位相構造 (topological structure)　54

1 次元ユークリッド位相 (one-dimensional Euclidean topology)　126

1 次元ユークリッド距離 (one-dimensional Euclidean distance)　126

1 次元ユークリッド空間 (one-dimensional Euclidean space)　29, 126

一様収束する (converge(s) uniformly to)　101

一様連続 (uniformly continuous)　100

1 点コンパクト化 (one-point conpactification)　85

上に有界 (upper bounded)　129

エプシロン開近傍 (ε-open neighborhood)　33

エプシロン近傍 (ε-neighborhood)　7, 23, 33, 126

エプシロン閉近傍 (ε-closed neighborhood)　33, 42

m 次元ユークリッド空間 (m-dimensional Euclidean space)　31

【か行】

開基 (open basis)　106

開近傍 (open neighborhood)　18, 35, 62

開写像 (open mapping)　70

開集合 (open set)　23, 34, 54, 126

開集合系の公理 (axiom on system of open sets)　39, 53

開集合系の性質 (property on system of open sets)　39

外点 (exterior point)　13, 36, 57

開被覆 (open covering)　81

外部 (exterior)　14, 58

開部分集合 (open subset)　34

下界 (lower bound)　129

各点収束する (converge point-wise to)　101

下限 (infimum)　129

可算集合 (countable set)　140

可算無限集合 (countably infinite set)　140

かつ (and)　135

合併集合 (union)　138

完備 (complete)　94

完備集合 (complete subset)　94

基 (basis)　106

基本開近傍系 (basic system of open neighborhoods)　63

基本近傍系 (basic system of neighbor-hoods) 63
逆写像 (inverse mapping) 140
逆像 (inverse image) 139
境界 (boundary) 14, 58
境界点 (boundary point) 13, 23, 36, 57
共通部分 (intersection) 138
極限 (limit) 2, 32, 101, 128
極限関数 (limit function) 101
極限写像 (limit mapping) 101
局所コンパクト (locally compact) 85
距離 (distance, metric) 28
距離位相 (metric topology) 55
距離関数 (distance function) 27
距離空間 (metric space) 28
距離空間における開集合の定義 34
近傍 (neighborhood) 18, 35, 62

空集合 (emptyset) 137
グロモフ・ハウスドルフ距離 (Gromov-Hausdorff distance) 102

元 (element) 137

弧 (arc) 79
コーシー列 (Cauchy sequence) 93, 129
弧状連結 (arcwise connected) 79
孤立点 (isolated point) 36, 57
コンパクト (compact) 82
コンパクト空間 (compact space) 82

【さ行】
差集合 (set difference) 138
三角不等式 (triangle inequality) 4
三平方の定理 (Pythagorean theorem) 3
下に有界 (lower bounded) 129
実数直線 (real number line) 120

写像 (map, mapping) 139
集合 (set) 137
集積点 (accumulation point) 36, 57
収束する (converge(s), 距離空間上の点列が) 32, 93
収束する (converge(s), 数列が) 128
収束する (converge(s), 平面上の点列が) 2
収束列 (convergent sequence) 93
縮小写像 (contraction map) 95
準開基 (open semi-basis) 106
準基 (semi-basis) 106
商位相 (quotient topology) 115
上界 (upper bound) 129
上限 (supremum) 129
商集合 (quotient set) 139
剰余集合 (residue set) 139
剰余類 (residue class) 139
触点 (adherent point) 57

数学の精神 (mathematics mind) 4
数学は想像力 120
数直線 (number line) 120

生成される位相 (generated topology) 105
全射 (surjection, surjective) 139
全単射 (bijection, bijective) 140
全有界 (totally bounded) 97, 98

像 (image) 139
相対位相 (relative topology) 64
添字集合 (index set) 138
属する (belongs to) 137

【た行】
第 1 可算公理 (the first countability condition) 113
対偶 (contraposition) 135
単射 (injection, injective) 139

中間値の定理 (intermediate value theorem) 76, 79
稠密 (dense) 61
直積位相 (direct product topology) 107
直径 (diameter) 98

デデキントの切断 (Dedekind's cut) 120
でない (not) 135
点列コンパクト (sequentially compact) 17, 23, 81
点列の収束 (convergence of sequence of points) 32

同相 (homeomorphic) 69
同相写像 (homeomorphism) 69
同値関係 (equivalence relation) 139
同値である (equivalent) 2
等長写像 (isometry) 49
等長的 (isometric) 49
同値類 (equivalence class) 139

【な行】
内点 (interior point) 13, 36, 57
内部 (interior) 14, 58
ならば (implies) 135
濃度 (cardinality) 140

【は行】
ハイネ・ボレルの被覆定理 (Heine–Borel covering theorem) 130
ハウスドルフ (Hausdorff) 86
ハウスドルフ距離 (Hausdorff distance) 102
ハウスドルフ空間 (Hausdorff space) 86
発散する (diverges) 128

非可算集合 (uncountable set) 140
必要十分条件 (necessary and sufficient condition) 2
等しい (equal) 122
非連結 (non-connected) 73, 74, 77
非連結集合 (non-connected set) 73, 74

不動点 (fixed point) 95
部分位相空間 (topological subspace) 64
部分集合 (subset) 137
部分被覆 (sub-covering) 82
部分列 (subsequence) 17

閉写像 (closed mapping) 109
閉集合 (closed set) 15, 23, 60
閉包 (closure, adherence) 16, 40, 58
べき集合 (power set) 55

補集合 (complement) 138

【ま行】
または (or) 135

道 (path) 79
道連結 (path connected) 79
密着位相 (indiscrete topology) 55

命題 (proposition, statement) 135

【や行】
有界 (bounded) 17, 23, 96, 97, 129
有界集合 (bounded set) 96
有界閉区間はコンパクト 130
有界閉区間は点列コンパクト 130
ユークリッド位相 (Euclidean topology) 55
ユークリッド距離 (Euclidean distance) 9, 31
ユークリッド距離位相 (Euclidean met-

ric topology) 55
ユークリッド空間 (Euclidean space) 22
ユークリッド直線 (Euclidean line) 29
有限集合 (finite set) 140
有限部分被覆 (finite sub-covering) 82
誘導された位相 (induced topology) 114
有理数から定まる切断 121
要素 (element) 137
より粗い (coarser than) 106
より強い (stronger than) 106
より弱い (weaker than) 106
より細かい (finer than) 106

【ら行】
離散位相 (discrete topology) 55

リプシッツ連続 (Lipschitz continuous) 48
ルベーグの被覆定理 (Lebesgue covering theorem) 99
連結 (connected) 74, 75, 77
連結集合 (connected set) 74, 75
連結成分 (connected component) 77
連続 (continuous) 44, 66, 67
連続関数 (continuous function) 19, 45, 67
連続写像 (continuous mapping) 21, 67

【わ行】
和集合 (union) 138

〈著者紹介〉

石川剛郎（いしかわ　ごうお）
1985 年　京都大学大学院理学研究科博士課程数学専攻修了
現　在　北海道大学大学院理学研究院数学部門 教授
　　　　北海道大学電子科学研究所附属社会創造数学研究センター 教授（兼任）
　　　　理学博士
専　門　幾何学（特異点論，トポロジー，実代数幾何，サブリーマン幾何）
著　書　『行列と連立一次方程式』（共著，共立出版，1996）
　　　　『線形写像と固有値』（共著，共立出版，1996）
　　　　『応用特異点論』（共著，共立出版，1998）
　　　　『代数曲線と特異点』（共著，共立出版，2001）
　　　　『愛ではじまる微積分』（プレアデス出版，2008）
　　　　『よろず数学問答』（日本評論社，2008）
　　　　『論理・集合・数学語』（共立出版，2015）など

位相のあたま *Topological Head* 2018 年 11 月 15 日　初版 1 刷発行 2019 年 4 月 25 日　初版 2 刷発行	著　者　石川剛郎　ⓒ2018 発行者　南條光章 発行所　**共立出版株式会社** 　　　　郵便番号 112-0006 　　　　東京都文京区小日向 4 丁目 6 番 19 号 　　　　電話 (03) 3947-2511（代表） 　　　　振替口座 00110-2-57035 番 　　　　www.kyoritsu-pub.co.jp 印　刷　加藤文明社 製　本　協栄製本
検印廃止 NDC 415 ISBN 978-4-320-11346-6	一般社団法人 　　　　　自然科学書協会 　　　　　会員 Printed in Japan

![JCOPY] <出版者著作権管理機構委託出版物>
本書の無断複製は著作権法上での例外を除き禁じられています．複製される場合は，そのつど事前に，出版者著作権管理機構（TEL：03-5244-5088，FAX：03-5244-5089，e-mail：info@jcopy.or.jp）の許諾を得てください．

「数学探検」「数学の魅力」「数学の輝き」の三部からなる数学講座

共立講座 数学探検 全18巻

新井仁之・小林俊行・斎藤　毅・吉田朋広 編

数学に興味はあっても基礎知識を積み上げていくのは重荷に感じられるでしょうか？　この「数学探検」では、そんな方にも数学の世界を発見できるよう、大学での数学の従来のカリキュラムにはとらわれず予備知識が少なくても到達できる数学のおもしろいテーマを沢山とりあげました。本格的に数学を勉強したい方には、基礎知識をしっかりと学ぶための本も用意しました。本格的な数学特有の考え方、ことばの使い方にもなじめるように高校数学から大学数学への橋渡しを重視してあります。興味と目的に応じて数学の世界を探検してください。

1 微分積分
吉田伸生著　準備／連続公理・上限・下限／極限と連続Ⅰ／多変数・複素変数の関数／級数／他‥‥‥494頁・本体2400円

3 論理・集合・数学語
石川剛郎著　数学語／論理／集合／関数と写像／実践編・論理と集合（分析的数学読書術／他）‥‥‥206頁・本体2300円

4 複素数入門
野口潤次郎著　複素数／代数学の基本定理／一次変換と等角性／非ユークリッド幾何／他‥‥‥‥‥160頁・本体2300円

6 初等整数論　数論幾何への誘い
山崎隆雄著　整数／多項式／合同式／代数系の基礎／F_p上の方程式／平方剰余の相互法則／他‥‥‥252頁・本体2500円

7 結晶群
河野俊丈著　図形の対称性／平面結晶群／結晶群と幾何構造／空間結晶群／エピローグ／他‥‥‥‥‥204頁・本体2500円

8 曲線・曲面の微分幾何
田崎博之著　準備（内積とベクトル積／二変数関数の微分／他）／曲線／曲面／地図投映法／他‥‥‥180頁・本体2500円

10 結び目の理論
河内明夫著　結び目の表示／結び目の標準的な例／結び目の多項式不変量：スケイン多項式族／他‥‥‥240頁・本体2500円

13 複素関数入門
相川弘明著　複素関数とその微分／ベキ級数／コーシーの積分定理／正則関数／有理型関数／他‥‥‥260頁・本体2500円

17 数値解析
齊藤宣一著　非線形方程式／数値積分と補間多項式／連立一次方程式／常微分方程式／他‥‥‥‥‥212頁・本体2500円

■　主な続刊テーマ　■

2 線形代数‥‥‥‥‥‥‥‥‥戸瀬信之著

5 代数入門‥‥‥‥‥‥‥‥‥梶原　健著

9 連続群と対称空間‥‥‥‥河添　健著

11 曲面のトポロジー‥‥‥‥橋本義武著

12 ベクトル解析‥‥‥‥‥‥加須榮篤著

14 位相空間‥‥‥‥‥‥‥‥松尾　厚著

15 常微分方程式の解法‥‥‥荒井　迅著

16 偏微分方程式の解法‥‥‥石村直之著

18 データの科学
‥‥‥‥‥‥山口和範・渡辺美智子著

【各巻】　A5判・並製本・税別本体価格
（価格は変更される場合がございます）

※続刊のテーマ、執筆者は変更される場合がございます

共立出版

https://www.kyoritsu-pub.co.jp
https://www.facebook.com/kyoritsu.pub